Excelで学ぶ
進化計算

ExcelによるGAシミュレーション
Evolutionary Computing

伊庭 斉志 ● 著

本書に掲載されている会社名・製品名は、一般に各社の登録商標または商標です。

本書を発行するにあたって、内容に誤りのないようできる限りの注意を払いましたが、本書の内容を適用した結果生じたこと、また、適用できなかった結果について、著者、出版社とも一切の責任を負いませんのでご了承ください。

本書は、「著作権法」によって、著作権等の権利が保護されている著作物です。本書の複製権・翻訳権・上映権・譲渡権・公衆送信権（送信可能化権を含む）は著作権者が保有しています。本書の全部または一部につき、無断で転載、複写複製、電子的装置への入力等をされると、著作権等の権利侵害となる場合があります。また、代行業者等の第三者によるスキャンやデジタル化は、たとえ個人や家庭内での利用であっても著作権法上認められておりませんので、ご注意ください。

本書の無断複写は、著作権法上の制限事項を除き、禁じられています。本書の複写複製を希望される場合は、そのつど事前に下記へ連絡して許諾を得てください。

(社)出版者著作権管理機構
（電話 03-3513-6969, FAX 03-3513-6979, e-mail: info@jcopy.or.jp）

JCOPY ＜(社)出版者著作権管理機構 委託出版物＞

まえがき

　　　　私のこれまでの著書はすべて、ひたすらダーウィンの原理がもつ
　　　　無限といえるほどの力——原始の自己複製の結果が発現するだけ
　　　　の時間があればいつ、どこでも放出される力——を探究して、く
　　　　わしく説明しようとするものだった。（リチャード・ドーキンス、
　　　　『遺伝子の川』、草思社）

　「進化」とは何でしょうか？　進化といえば、チャールズ・ダーウィンを思い出す人も多いでしょう。ダーウィンがビーグル号で航海の途中ガラパゴス諸島に立ち寄り、そこでフィンチという鳥のくちばしの形が種によって少しずつ違っているのを見て、進化論を考えついたというのは有名です。しかしながら、この話は少し誇張されています。ダーウィンは現地でこの鳥について深く研究したわけではありません。彼の「種の起源」を読めばガラパゴスのデータはあまり生かされておらず、むしろ人為淘汰を中心とした議論に終始しているのがわかります。

　進化には数多くの謎が残されています。たとえば、

　　「孔雀の羽はなぜあんなに無駄に美しいのか？」
　　「キリンの首はどうして長くなったのか？」
　　「働き蜂は自分で子供を生まずにどうして女王蜂に奉仕するのか？」

などは、現在でも研究者の興味を引きつけている生命現象です。これらの謎に迫っていくと、生物が進化の過程である種の最適化問題を解いていることがわかります。こうした考えをもとに効果的な計算システム（進化型システム）を実現するのが、進化論的手法の目的です。この手法は、最適化問題の解法、人

まえがき

工知能の学習、推論、プログラムの自動合成などに広く応用され、自然に学ぶ問題解決（Problem Solving from Nature）を目指しています。

進化論的手法は、生物の進化のメカニズムをまねてデータ構造を変形、合成、選択する工学的手法です。この方法により、最適化問題の解法や有益な構造の生成を目指します。

たとえば、飛行機の設計を考えてみましょう。飛行機などのものづくりで大切なのは、必ずしも新奇なものを作ることではありません。独創的な天才肌の職人は確かに必要ですが、多くの場合奇抜なデザインは成功しません。それよりも重要なのは、過去の設計物のマイナーチェンジ、合成、そして取捨選択です。これはまさに、ライト兄弟らの飛行機の設計に用いられていた原理であるといえます。またもっと身近な例として、家畜や犬の育種、園芸での人工交配があります。犬を何世代も掛け合わせて望ましい特徴を持つ犬を育て上げることはよく知られています。これらの過程は、生物の（遺伝子の）突然変異、交叉、および選択淘汰のメカニズムを暗黙のうちに利用しています。つまり、人間は知らず知らずのうちに生物の進化の考えを導入し、最適な人工物の設計に用いていたのです。

このような考えに基づいて計算システム（進化型システム）を実現するのが、進化計算です。その代表例は、本書で説明する遺伝的アルゴリズム（Genetic Algorithms, GA）と遺伝的プログラミング（Genetic Programming, GP）です。また、生物の進化や生態形成を計算機上で実現することを目指す人工生命という分野もあります。これらの研究の歴史はかなり古く、1970年代までさかのぼることができます。

本書ではGAやGPの基本原理からExcelを用いた実践について説明しましょう。本書で用いるExcelのシミュレータには、以下のものがあります。

- GA-2Dシミュレータ：山登り法やGAを用いた1次元関数の最適化を実験できます。
- GA-3Dシミュレータ：山登り法やGAを用いた2次元関数の最適化を実験できます。
- TSPシミュレータ：進化計算を用いて巡回セールスマン問題（Travelling Salesman Problem, TSP）を解くことができます。

- JSSP シミュレータ：進化計算を用いてスケジューリング問題（Job Shop Scheduling Problem, JSSP）を解くことができます。
- クモの巣の進化シミュレータ：餌を捕えるのに最適なクモの巣が進化します。
- 盆栽木の対話的な進化シミュレータ：L システムに基づく木構造を対話的に進化させます。

これらの使用法は本文で詳しく説明します。

なお、本書は前著『Excel で学ぶ遺伝的アルゴリズム』の改訂版です。前著の発行からすでに 10 年あまりの歳月が過ぎ、進化計算の基礎と応用の研究は大きく進展しました。そこで前著の内容を補足すべく、Excel によるシミュレータと実際的な応用システムの部分を大幅に加筆しました。これにより進化計算への理解がいっそう深まるものと期待しています。

本書を執筆するにあたり、数多くの方々にお世話になりました。この場を借りて謝意を表します。特に筆者の研究室に在籍していた伊東和紀君、生田目慎也君、唯野隆一君は、Excel のシミュレータの作成に協力してくれました。また、杉山大規君は新たに楽曲の対話型進化プログラムを提供してくれました。さらに仲彩子さんは本書の印象的なイラストのいくつかを書いてくれ、本文の理解を大きく助けてくれました。

最後に、いつも研究生活を陰ながら支えてくれる妻由美子と子供たち（滉基、滉乃、滉豊）に心から感謝します。

2016 年 4 月

東京・本郷にて

伊庭　斉志

まえがき

■ Excel の対応バージョンについて

　本書は、Microsoft Office Excel 2016（Windows 版、32bit）をベースに執筆・動作確認をしています。本書で紹介している画面類は、Windows 10 上の Microsoft Office Excel 2016（Windows 版）のものとなります。

　画面（ダイアログボックス）、操作などは一部異なりますが、Excel 2010（Windows 版）でも同様の動作は可能です。また、Excel 2003（Windows 版）以前のバージョンでも動作可能ですが、保証するものであはりません。古いバージョンについては、前著を参照してください。

　なお、Macintosh 版 Excel については動作の検証をしていません。

■マクロのセキュリティ

　本書に記述されている Excel シミュレータは著者のホームページ（http://www.iba.t.u-tokyo.ac.jp/）からダウンロードできます。

　デフォルトの設定では、インターネットからダウンロードした Excel ファイルを初めて開く際には警告（保護ビュー）が表示されます。タブの下に表示される「編集を有効にする」をクリックしてください。「保護ビューのままにしておくことお勧めします」と表示されますが、データの書き換えなどが必要となるファイルもありますので、編集可能にして利用してください。

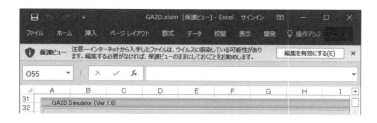

　また、課題のワークシートは Excel のマクロ機能を使って作成しているため、「セキュリティの警告」が表示されます。「コンテンツの有効化」をクリックしてください。この警告が表示されない場合は、最後の「セキュリティセンター」の「マクロの設定」を確認してください。

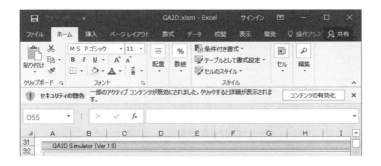

　これで、ダウンロードしたExcelファイルを利用することができます。ただし、信頼できるマクロを含んだ複数のExcelファイルを利用する際には、「セキュリティセンター」で「信頼できる場所」を設定しておくと、「セキュリティの警告」を出さずに利用することができて便利です。

　「ファイル」タブから「オプション」をクリックします。「Excelのオプション」が開くので、左側の「セキュリティセンター」をクリックして、「セキュリティセンターの設定」をクリックします。

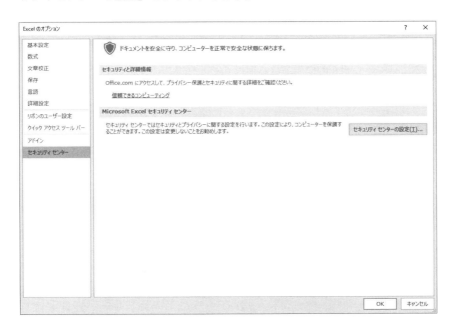

まえがき

「セキュリティセンター」が開くので左側の「信頼できる場所」をクリックし、「新しい場所の追加」をクリックします。

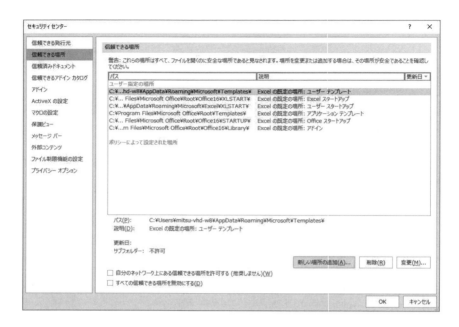

「Microsoft Office の信頼できる場所」で、ダウンロードした Excel ファイルのあるフォルダーを指定して（この例では C ドライブの code フォルダー）、「この場所のサブフォルダーも信頼する」にチェックを入れて、「OK」をクリックします。

「セキュリティセンター」の「信頼できる場所」のリストにフォルダーが追加されていることを確認してください。

　これで「OK」を2回クリックして、「セキュリティセンター」と「Excelのオプション」を閉じることで、以降、「信頼できる場所」のフォルダーにあるマクロを含んだExcelファイルを警告なしで開くことができます。
　デフォルトの設定ではこれで問題ありませんが、「セキュリティセンター」の「マクロの設定」で「警告を表示してすべてのマクロを無効にする」に設定されていることを確認してください。

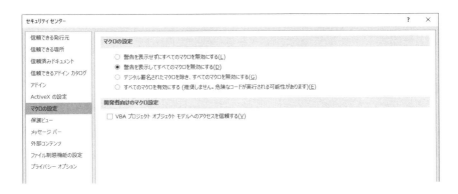

まえがき

■ Excel シミュレータについて

本書で用いる Excel シミュレータの著作権は、著者の伊庭斉志に帰属します。以下の Excel シミュレータと関連ソフトウェアをダウンロードできます。

Excel 版シミュレータ

- GA-2D シミュレータ： GA2D.xlsm
- GA-3D シミュレータ： GA3D.xlsm
- TSP シミュレータ：　 TSP.xlsm
- JSSP シミュレータ：　jssp.xlsm
- クモの巣の進化：　　 spiderweb.xlsm
- 盆栽木の対話的：　　 treeIEC.xlsm

関連ソフトウェア（Excel 版ではありません）

- LGPC for Art：　　 art.lzh
- Wall Following：　 WallFollowing.lzh
- BUGS：　　　　　　BUG_cygwin.zip
- music：　　　　　　mml_supporter_v1.zip

オーム社ホームページ：http://www.ohmsha.co.jp/

「サポート情報」の「ダウンロード」をクリックすると「書籍連動／ダウンロードサービス」が表示されます。『Excel で学ぶ進化計算』をクリックし、リンク先のページよりダウンロードしてください。

※ダウンロードサービスは、やむをえない事情により、予告なく中断・中止する場合があります。

■免責事項

本書および本書の Excel シミュレータや関連ソフトウェアの内容を適用した結果、および適用できなかった結果から生じた、あらゆる直接的および間接的被害に対し、著者、出版社とも一切の責任を負いませんので、ご了承ください。また、ソフトウェアの動作・実行環境・操作についての質問には、一切お答えできません。

本書の内容は原則として、執筆時点（2016 年 4 月）のものです。その後の状況によって変更されている情報もありえますのでご注意ください。

目 次

まえがき iii

第 I 部　進化計算入門　　　　　　　　　　　　　　　　　1

第 1 章　進化計算の基本的な考え方 3
1.1　進化ってなんだろう 4
1.2　進化計算の原理 5

第 2 章　関数の最適化をしてみよう 17
2.1　関数を最適化するとは？ 18
2.2　山を登ってみよう 32
2.3　最急勾配山登り法 36
2.4　山登り法のいろいろ 51
2.5　山登り法の限界 55

第 3 章　GA を使ってみよう 57
3.1　進化計算の原理の復習 58
3.2　GA のしくみ 63
3.3　遺伝子型と表現型のコーディング 73
3.4　選択の方法 77
3.5　GA を使うためのパラメータ 82
3.6　GA の詳細を見てみよう 84
3.7　例題を解いてみよう 92
　　　3.7.1　売り上げを最大化する 92

xi

3.7.2　ちょっと手強い例題 96
　3.8　Excel のシートについて 100

第 4 章　GA をより複雑な問題に適用しよう 103
　4.1　2 次元空間のランドスケープと遺伝子型................................104
　4.2　実数値 GA 117
　4.3　棲み分け 128
　4.4　スケーリング 138
　4.5　最適化の実問題を解いてみよう 140
　4.6　制約のある問題..143

第 II 部　進化計算の実際的な応用例　　　　　149

第 5 章　進化計算で巡回セールスマン問題を解いてみよう... 151
　5.1　セールスマンの苦悩 152
　5.2　TSP シミュレータを動かしてみよう 153
　5.3　TSP のための遺伝子型（その 1）...159
　5.4　TSP のための遺伝子型（その 2）...167

第 6 章　進化計算でスケジューリングしてみよう 173
　6.1　スケジューリング問題とは？ 174
　6.2　JSSP とは？ 175
　6.3　JSSP を進化計算で解いてみよう 178
　6.4　JSSP のための遺伝子型とオペレータ 182

第 7 章　進化計算をデザインに応用しよう 187
　7.1　進化計算とデザイン 188
　7.2　IEC と形態の進化 193
　7.3　IEC で壁紙を作ろう 201
　7.4　望みの楽曲を進化させよう 204
　7.5　IEC の有効性 207

第 III 部　進化計算の発展　209

第 8 章　GA から GP へ 211
　8.1　プログラムを進化させるとは？ 212
　8.2　ロボットのプログラムを進化させよう 218
　8.3　デザインのからくり 227
　8.4　楽曲進化のしくみ 230

第 9 章　今後の展望 235
　9.1　さらに応用するために 236
　9.2　おわりに 237

関連図書 249
索　引 251

第 I 部

進化計算入門

第1章

進化計算の基本的な考え方

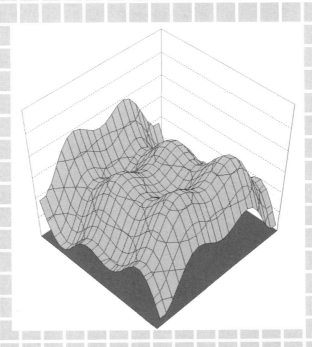

1.1 進化ってなんだろう

進化するために何が必要かを考えてみましょう。当たり前のことですが、一匹（一人）では進化はできません。しばしば一匹の怪獣が次第に強暴に「進化」する映画や、大リーグで「進化」したとされる野球選手の新聞記事がありますが、それは間違いです。正確には環境に適応していったというべきでしょう（図 1.1）。

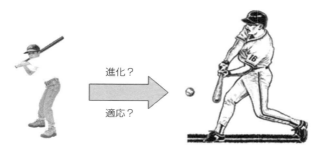

図 1.1　進化と適応

つまり、進化するには集団が必要です。そしてその集団は、

- 各メンバーは子孫を作ることができる（自己増殖）。
- その子供は、親の特徴を受け継ぎ、一部を変化させている（変容性）。
- 環境に適応したものが生き残りやすい（適者生存）。

という特性を持っていなくてはなりません。これらの特性があると必ず進化するわけではありませんが、それを持たない集団が進化を達成することは難しいでしょう。

進化論的手法は、生物の進化のメカニズムをまねてデータ構造を変形、合成、選択する工学的手法です。この方法により、最適化問題の解法や有益な構造の生成を目指します。

1.2 進化計算の原理

　進化計算の基本的なデータ構造は遺伝学の知見をもとにしています。これについて簡単に説明しましょう。

　メンデルは図 1.2（a）に示す七つの形質の特徴に注目しました。たとえば、草丈の形質では、非常に高いもの（高性）とごく短いもの（矮性）を用いて、図 1.2（b）のような交雑をつくりました。その結果 F_2 世代において、787 個体の草丈の高いものに対し 277 個体の低いものが（すなわち 2.84：1）の割合で現れることを観察しています。グレゴール・メンデルは草丈の形質を表すのに、それを決定する二つの因子を仮定しました（これらは今日、遺伝子（gene）と呼ばれています）。そして異なった遺伝子が対をつくって同一個体内あるいは集団内に存在した場合、これを対立遺伝子（allele）と呼びました。メンデルは優性形質を支配する対立遺伝子を表すのに大文字を用い、劣性形質には小文字を用いています。その場合、図 1.2（c）に示すように、メンデルの分離の法則として、F_1 世代ではすべてが高性となり、F_2 世代では高性と矮性の割合が 3：1 となることが説明されます。

　生物の遺伝子型（genotype）とは、その生物が持っている遺伝子の集まりをいいます。図 1.2（c）では両親の高性の遺伝子型は TT で表され、F_1 世代の遺伝子型は Tt となります。表現型（phenotype）は目で見ることができる生物の特性のことです。上の二つの遺伝子型の場合、TT と Tt の両方とも表現型は高性となります。

　進化計算で扱う情報は、PTYPE と GTYPE の二層構造からなっています。GTYPE（遺伝子コードともいい、細胞内の染色体に相当する）は遺伝子型のアナロジーで、低レベルの局所規則の集合です。これが後に述べる進化計算のオペレータ（遺伝的オペレータ）の操作対象となっています。PTYPE は表現型（発現型）であり、GTYPE の環境内での発達に伴う大域的な行動や構造の発現を表します。環境に応じて PTYPE から適合度（fitness value）が決まり、そのため適合選択は PTYPE に依存します（図 1.3）。なおしばらくは、適合度は大きい数値をとるほどよいものとしましょう。したがって、適合度が 1.0 と 0.3 の個体では前者の方が環境により適合し生き残りやすくなります（た

第 1 章 進化計算の基本的な考え方

だし本書の他の部分では小さい数値の方がよい場合もあります）。

この表現をもとに、進化計算の基本的なしくみを説明しましょう（図 1.4）。

種子	表面が滑らかで丸い		表面にしわがある	
	子葉が黄色		子葉が緑色	
	種皮が白色（白い花）		種皮が灰色（すみれ色の花）	
さや	さやがふくらんでいる		さやがくびれている	
	さやが黄色		さやが緑色	
茎	茎に沿って花が咲く、実がなる		茎の頂端に花が咲き、実がなる	
	高い（高性）183〜214cm		低い（矮性）25〜30cm	

（a）メンデルによって観察されたエンドウ豆の七つの形質

図 1.2　メンデルの分離の法則

1.2 進化計算の原理

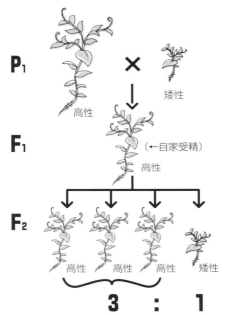

(b) 高性と矮性の交雑から生じる F_1 および F_2 世代

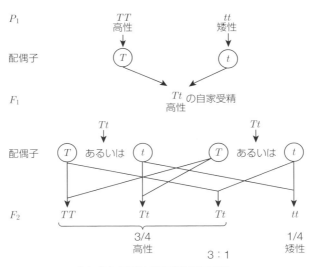

(c) (b) における交雑の遺伝子型

図 1.2 メンデルの分離の法則（続き）

第1章 進化計算の基本的な考え方

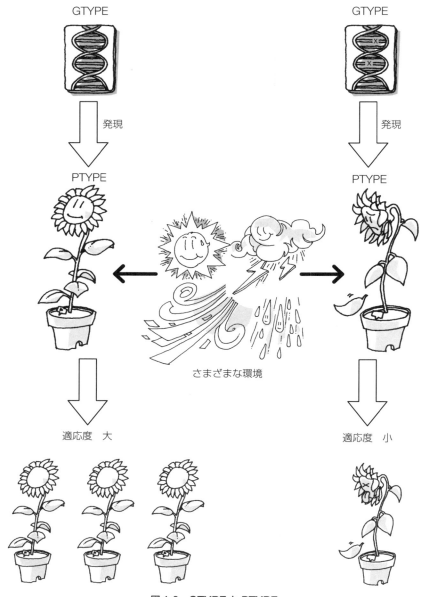

図1.3　GTYPE と PTYPE

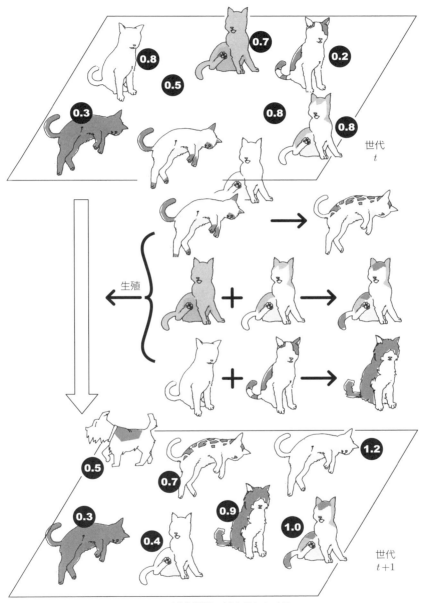

図 1.4　進化計算の基本的なしくみ

第1章 進化計算の基本的な考え方

何匹かの猫がいて集団を構成します。これを世代 t の猫としましょう。この猫は各々 GTYPE として遺伝子コードを有し、それが発現した PTYPE に応じて適合度が決まっています。適合度は図では丸の中の数値として示されています（大きいものほどよいことを思い出してください）。これらの猫は生殖活動（recombination, reproduction）を行い、次の世代 $t+1$ の子孫をつくり出します。生殖に際しては適合度のよい（大きい）ものほどよりたくさん子孫をつくりやすいように、そして適合度の悪い（小さい）ものほど死滅しやすいようにします（これを生物学用語で選択もしくは淘汰といいます）。図では生殖によって表現型が少し変わっていく様子が模式的に描かれています。

この結果、次の世代 $t+1$ での各個体の適合度は前の世代よりもよいことが期待されます。そして、集団全体として見たときの適合度が上がっているでしょう。同様にして、$t+1$ 世代の猫たちが親となって $t+2$ 世代の子孫を生みます。これを繰り返していくと世代が進むにつれ、しだいに集団全体が良くなっていく、というのが進化計算の基本的なしくみです。

表 1.1 に実際の生物と進化計算との対応関係を示します。

表 1.1 生物と GA の比較

生　　物	進化計算
遺伝子型（染色体の集まり） 例：$TT, Tt, tt, \cdots$（二倍体のとき）	GTYPE（遺伝子コード） 例：000, 001, 010, 011, $\cdots$
表現型（遺伝子型の発現） 例：高性、矮性	PTYPE（GTYPE の変換結果） 例：0, 1, 2, 3, $\cdots$
適合度 例：生き残りやすさ	適合度 例：目的関数値
遺伝子 例：T, t（T は優性、t は劣性）	遺伝子 例：0, 1

進化計算の有用性を簡単なシミュレーションで見てみましょう。ここではクモの巣を進化させてみます。クモは放射状の糸を紡いだあと、らせん状に糸を紡いでいきます。したがって、クモの遺伝子には、放射状の角度とらせん距離を定義する情報が記述されます。このとき、どのような形状の巣を作ればよいのでしょうか？

これは巣の性能ではかることができます。当然、巣はハエなどの小虫を捕

ことを目的としているので、できるだけ多くのハエを捕えることが望ましいでしょう。一方で、あまりにも大きい巣や密度の濃い巣は、使った糸の量が多くなり、コストがかかりすぎます。そのため、この二つをうまく勘案した巣が選ばれるように適合度を決めます。具体的には、

$$適合度 = \frac{捕まった昆虫の数}{巣のために紡いだ糸の総量} \tag{1.1}$$

とし、大きいほどよいとします。捕まった昆虫の数を求めるには、小さな円で近似した虫をランダムに飛ばして巣糸に接するかを調べます。

Excel上で動作するクモの巣の進化シミュレータ（spiderweb.xlsm）を実行してみましょう。

図1.5は進化シミュレータの概観です。

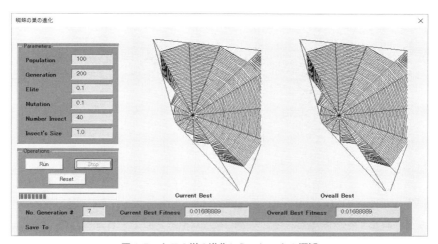

図1.5　クモの巣の進化シミュレータの概観

「Run」ボタンをクリックすると、実行が始まり次第にクモの巣の形状が変わっていくのがわかります。左に示されているのが各世代での最良のクモの巣であり、右にはその世代までに見つかった最良の巣が示されます。パラメータとしては、

- Population：集団サイズ

- Generation：最大世代数
- Elite：エリート戦略で残す個体数（0のときはエリートを残さない）
- Mutation：突然変異率（染色体中のビットを突然変異させる確率）
- Number Insect：適合度計算に用いる虫の数
- Insect's Size：適合度計算に用いる虫の大きさ

を設定できるようになっています（これらのパラメータの詳細は第3章で説明します）。現在の世代数と最良個体の適合度が下に表示されます。進化の途中で「Stop」ボタンをクリックするとシミュレーションを停止することができ、「Reset」ボタンをクリックすることでパラメータを変更できます。また20世代ごとに最良の巣をsvg形式でファイルに保存します。何も指定しないとドキュメント・フォルダー内となります。「Save To」テキストボックスに保存するパスを記述することができます。たとえば、

```
C:\iba\tmp\
```

と入力すると（最後の \ を忘れないでください）、このディレクトリに

```
spider-20.svg
spider-40.svg
spider-60.svg
```

のようなファイルが作成されます。

　図1.6は、進化の結果得られた巣の形状と適合度を示しています。ランダムに飛ばした虫の数は400匹です。初期には非対称であったり、糸の使い過ぎが見られますが、やがて対称で効率的な巣が形成されていきます。このシミュレーションを見れば、進化計算の有効性がわかるでしょう。なぜ対称性が効率に寄与するかについては議論もありますが、生物は対称性を好むという説もあります。なおこの実験は、集団数1 000、突然変異率0.1、エリート率0.1でシミュレーションを行っています（パラメータは第3章以降で説明します）。

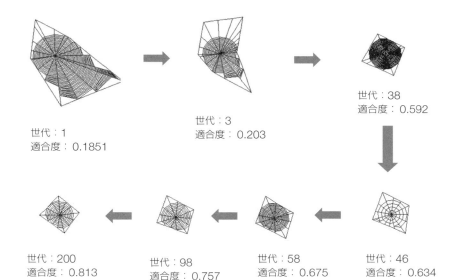

図 1.6　クモの巣の進化

　進化計算は、私たちの暮らしのさまざまな場面で活用されています。たとえば新幹線のモデル N700 系の先頭車両設計（図 1.7）や飛行機の翼の設計（図 1.8）などが有名です。N700 系の先頭車両の「エアロ・ダブルウィング」と呼ばれる独特のフォルムは、進化計算を用いたシミュレーションで導き出されました。騒音の原因となるトンネル微気圧波を抑えつつ、従来よりも 20 km 速くカーブを曲がれる性能を持ちます。飛行機の翼の設計においては、多目的進化計算と呼ばれる手法が用いられました。この手法により、ジェット旅客機の燃費効率の向上と機外騒音の低減という二つの目標を同時に最適化し、競合機よりも性能を改善することに成功しました。

(写真提供：HT)

図1.7　N700系新幹線

(写真提供：伊庭 斉志)

図1.8　多目的進化計算を取り入れた翼の設計例

また、工業以外の分野では、金融業界でも進化論的計算手法の利用は広がっています［伊庭15］。さらに、看護師の勤務シフトの最適化や航空機のクルー配置などのスケジューリング設計においても実用化されています。

　進化計算の代表例が、本書で説明する遺伝的アルゴリズム（Genetic Algorithms, GA）と遺伝的プログラミング（Genetic Programming, GP）です。次節ではGAの基本原理について説明しましょう。

第2章

関数の最適化をしてみよう

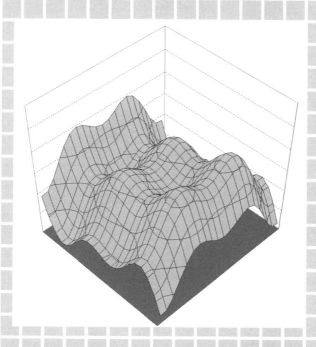

2.1 関数を最適化するとは？

進化計算の目的は、問題の解を探索することです。そのためには進化計算に限らず多くの手法が提案されています。この章ではまず探索とは何か、そして何が問題となるのか、について考えてみましょう。

探索は「山の頂上に登る」ということに例えられます。ここでの目標は一番高い山の頂上に登ることです。たとえば、日本という範囲を限定すれば、富士山の頂上に登ったときに正解（＝大域解）が得られたと考えられます。一方、筑波山など他の山の頂上に登ったときは失敗です。これを局所解といいます（図 2.1）。

図 2.1　山登りのイメージ

「山に登る」ことが一般の探索と同じであるというのは、次のような制約付き最大値探索の意味からです。

$$x \in X \text{ 内で} \max_{x}\{f(x)\} \text{ を与える } x \text{ を求めよ。} \tag{2.1}$$

2.1 関数を最適化するとは？

つまり、$f(x)$ の最大値を与える x を領域 X の中で求めるというものです。今の例では、$X=$ 日本、$f(x)=x$ の標高、となります。なお最小値を探索する問題もありますが、このときは、

$$\min_x \{f(x)\} = \max_x \{-f(x)\} \tag{2.2}$$

となるので、最大値問題に置き換えられることがわかります。つまり、探索問題は「山を登る」という問題として考えられるのです。

ここでイメージをつかむために、Excel のシミュレータを使ってさまざまな関数の形状を見てみましょう。以下では次の Excel シミュレータを使っています。

- GA-2D シミュレータ（GA2D.xlsm）：1 次元関数の最適化を実験できます。
- GA-3D シミュレータ（GA3D.xlsm）：2 次元関数の最適化を実験できます。

まず GA-2D シミュレータのマクロを実行してください。すると図 2.2 のような実行画面が表示されるでしょう。ここで左上にグラフが表示されています。これが最適化すべき目的関数です。つまりこの関数の山の頂上を求めるのが問題です。関数の定義が「F(x)=」というテキストボックスに書かれています。これを変更することでさまざまな関数を定義することができます。また関数の定義域は「0<= x <17」というように、関数の定義の下の右の方に表示されています。

この場合には例として、

$$F(x) = \sin(x)\verb|^|3 + 0.5 * x \tag{2.3}$$

という関数が $0 \leq x < 17$ の範囲で示されています。グラフを見るといくつかの山や丘があり、全体的に右肩上がりですが、かなりでこぼこしているのがわかります。

第2章 関数の最適化をしてみよう

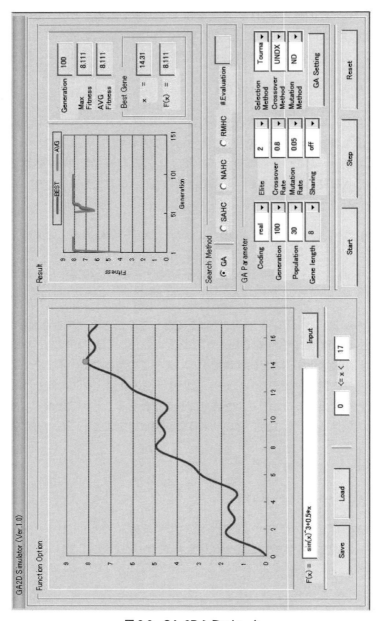

図 2.2　GA-2D シミュレータ

2.1 関数を最適化するとは？

では自分で関数を入力してみましょう。入力は「Input」ボタンをクリックすることで行います。このボタンをクリックすると図 2.3 のようなウィンドウが表示されます。「F(x)=」テキストボックスに Excel で使用できる関数や数式を記述することができます。表 2.1 は使用可能な主な関数を示しています。この関数は一変数関数であり、その変数名は x です。また定義域（x の範囲：探索空間）も変更できます。

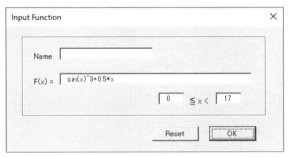

図 2.3 「Input Function」ウィンドウ

ここで次のような関数を入力してみてください。入力を間違えたときには、「Reset」ボタンをクリックすると最初から入力をやり直せます。入力が終わったら「OK」ボタンをクリックしてみましょう。するとその関数の概形が表示されます。簡単のため定義域はもとのまま（0 ≦ x < 17）としておきましょう。

- $F(x) = 10 - (x - 10) * (x - 10)$ （図 2.4）
- $F(x) = \mathrm{abs}(\sin(x))$ （図 2.5）
- $F(x) = \mathrm{abs}(\sin(x) * x)$ （図 2.6）
- $F(x) = \mathrm{rand}(\ ) * x$ （図 2.7）

第 2 章 関数の最適化をしてみよう

表 2.1 使用可能な関数の一覧

記　号	内　容
演算子	+、−、*、/（四則演算）
^	ベキ乗
−	負の数値
!	階乗
abs(x)	絶対値を返す関数
pi( )	円周率（3.14159…）を返す
degrees(x)	角度を度に変換する関数
round(x, 0)	四捨五入する関数
fact(x)	階乗関数
sqrt(x)	平方根を返す関数
exp(x)	指数関数
log(x, y)	対数関数（底は y）
sin(x)	正弦関数
cos(x)	余弦関数
tan(x)	正接関数
asin(x)	逆正弦関数
acos(x)	逆余弦関数
atan(x)	逆正接関数
sinh(x)	双曲正弦関数
cosh(x)	双曲余弦関数
tanh(x)	双曲正接関数
rand( )	0 から 1 の間の乱数を返す関数
gauss(m, s)	平均 m, 分散 s の正規分布による乱数を返す関数
max(x, y)	最大値を返す関数
min(x, y)	最小値を返す関数
if(bool, x, y)	bool が真なら x、偽なら y を返す関数

2.1 関数を最適化するとは？

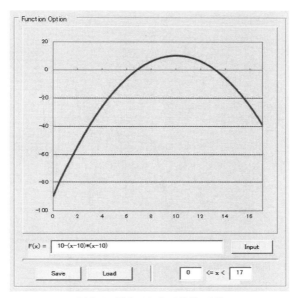

図 2.4　F(x)=10-(x-10)*(x-10)

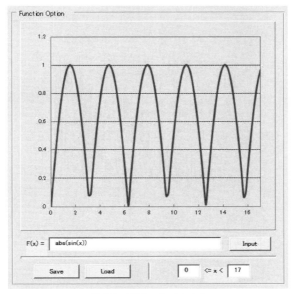

図 2.5　F(x)=abs(sin(x))

第2章 関数の最適化をしてみよう

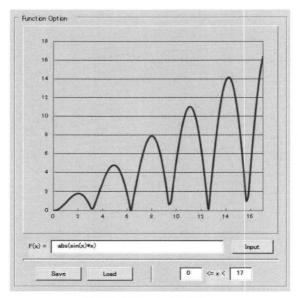

図 2.6　F(x)=abs(sin(x)*x)

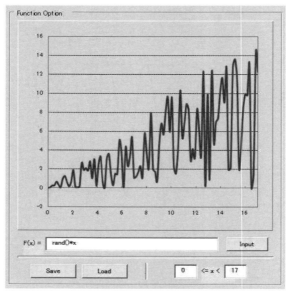

図 2.7　F(x)=rand( )*x

2.1 関数を最適化するとは？

これらの関数の形状を見ると、山を登る難易度に差があることに気がつきます。たとえば $F(x) = 10 - (x - 10) * (x - 10)$ は $x = 10$ に一つの山だけがある単純な関数です。この山を登るのは非常に簡単です。山は一つしかないので単に上に登るように動いていけばいいのです。このような関数を単峰性関数といいます。

これに対して $F(x) = \text{abs}(\sin(x))$ と $F(x) = \text{abs}(\sin(x) * x)$ では山が一つでなく、どこに上るのかがすぐにはわかりません。このような関数を多峰性といいます。特に $F(x) = \text{abs}(\sin(x) * x)$ では最適な山が一番右にありますが、最適でない丘が左にたくさん見えます。間違えて丘に登ってしまうことがあるので難しいのです。

$F(x) = \text{rand}(\ )*x$ は乱数を使った関数です。その形状はさらに複雑になっています。全体として右肩上がりになっていますが、この関数の最適値（最も高い山）を見つけるのはさらに難しいだろうと予測されます。

このように関数によって探索が簡単であったり難しかったりすることがあります。これらを定量的に特徴づける方法の一つとして、適合度ランドスケープ（適合度地形）という考え方があります。さまざまな最適化すべき目的関数のことを適合度関数といいます。これは進化計算の適合度を一般化したもので、遺伝学で使われている考えからの引用です。適合度関数と座標表現（後に説明する進化計算での遺伝子のコード化のこと）の組み合わせから、適合度ランドスケープが定義できます。これは直感的にいえば探索空間の地形ということです。この地形で最大値（最も高度の大きい場所）を探すことを考えてみましょう。地形の違いが探索に影響を及ぼすことが容易に想像できます。

同じことですが、環境が異なれば（つまり適合度ランドスケープが異なると）まったく違う生物が進化します。その顕著な例は、チャールズ・ダーウィンの進化論で有名なガラパゴス諸島に見られます（図 9.3 参照）。ここはその名の通り 16 の島々からなりますが、ほんの目先にある隣の島の間でもまったく気候や生態系が異なっています。この要因は、島間を流れる海流と火山による適合度地形の違いによります。その結果、赤道直下にもかかわらず南極に住むようなペンギンがいる一方で、雨季には草木が生い茂るゾウガメとイグアナの楽園になる島もあるのです。

以上述べたようなことから、遺伝学や適合度地形の考えが、探索手法の理論

第 2 章 関数の最適化をしてみよう

的解析の一つとして有用なことが理解できると思います。適合度ランドスケープをよりよく理解するために、今度は GA-3D シミュレータのマクロを実行してみましょう（「Start」ボタンをクリックします）。すると図 2.8 のような実行画面が表示されるでしょう。同じように左上にグラフが表示されています。これが最適化すべき目的関数です。関数の定義が「F(x, y)=」というテキストボックスに書かれています。2 変数関数なので、この関数は二つの変数 x, y に依存します。定義域は、「-5.11 <= x < 5.12, -5.11 <= y < 5.12」というように、関数の定義の下に表示されています。

この場合例として、

$$F(x, y) = -(x^*x + y^*y) \tag{2.4}$$

という関数が示されています。グラフを見ると一つの山からなる単峰性関数であることがわかります。

ここで次のような関数を入力してみてください。入力を間違えたときには「Reset」ボタンをクリックすると最初から入力をやり直せます。入力が終わったら「OK」ボタンをクリックしてみましょう。するとその関数の概形が表示されるはずです。

- $F(x, y) = x^*\cos(x) + y^*\sin(y)$ （図 2.9）
- $F(x, y) = \text{round}(x + y, 0)$ （図 2.10）
- $F(x, y) = (x + 2^*y + 5)/(x^*x + y^*y + 15)$ （図 2.11）
- $F(x, y) = \text{rand}(\ )^*(x^*x + y^*y - x - y)$ （図 2.12）

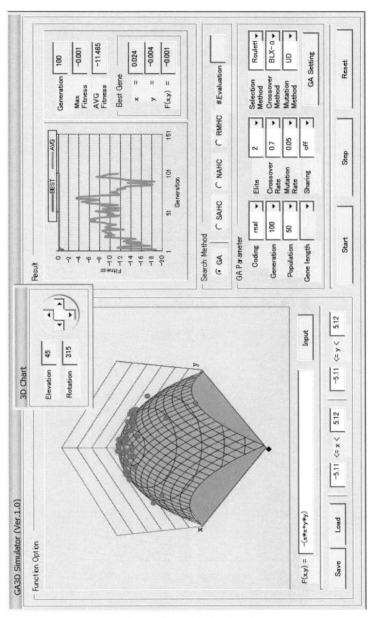

図 2.8 GA-3D シミュレータ

第 2 章 関数の最適化をしてみよう

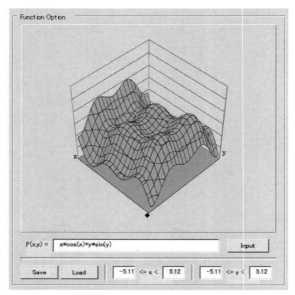

図 2.9　F(x, y)=x*cos(x)+y*sin(y) のランドスケープ

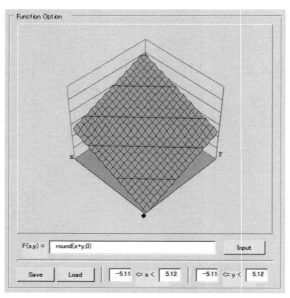

図 2.10　F(x, y)=round(x+y, 0) のランドスケープ

2.1 関数を最適化するとは？

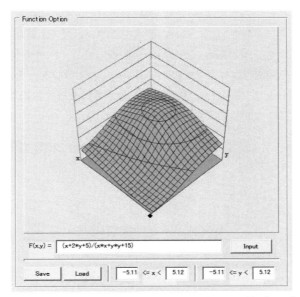

図 2.11 F(x, y)=(x+2*y+5)/(x*x+y*y+15) のランドスケープ

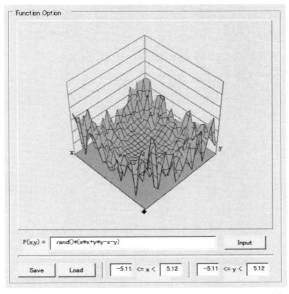

図 2.12 F(x, y)=rand( )*(x*x+y*y-x-y) のランドスケープ

これによりいろいろな角度から目的関数を表示し、その適合度ランドスケープを観察してみてください。これらの関数を見ていると、山を登るといってもその難易度に大きく差があることがわかります。

3次元空間で関数をよりよく可視化するために、グラフを上下左右に回転するボタンがあります（図2.13）。矢印をクリックするたびに、45°ずつ図を回転させて表示することができます。回転角は、

- Elevation（上下）　　0°, 45°, 90°, 135°, 180°, 225°, 270°, 315°
- Rotation（左右）　　−45°, 45°

です。

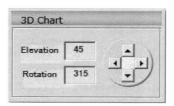

図 2.13　3次元での回転の指定

図2.14は関数 $F(x, y) = x*\cos(x) + y*\sin(y)$ をさまざまな角度から見た概形を示しています。図2.15は $F(x, y) = (x + 2*y + 5)/(x*x + y*y + 15)$ の適合度ランドスケープです。

2.1 関数を最適化するとは？

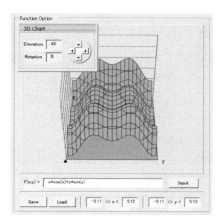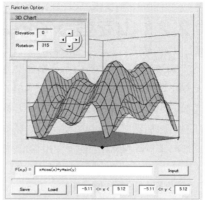

図 2.14 さまざまな角度からの F(x, y)=x*cos(x)+y*sin(y) の概観

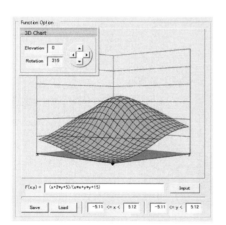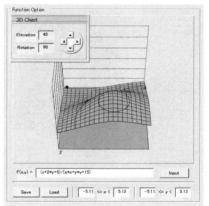

図 2.15 さまざまな角度からの F(x, y)=(x+2*y+5)/(x*x+y*y+15) の概観

このように3次元空間で見ると、山を登るというイメージと最適値探索の関連がよくわかると思います。

2.2 山を登ってみよう

では、あなたがいろいろな適合度地形で「山登り」問題に直面したとしましょう。いったいどうするでしょうか？　日本という状況は知りすぎていて面白くないかもしれません。実はこれも重要なことです。もしあなたが日本人ならば多くの知識を導入して富士山に登るような方策を探すでしょう。

このような探索は問題固有の知識を用いたヒューリスティクス探索と呼ばれています。

そこであなたはガラパゴス諸島のイザベラ島のある場所にいるとしましょう（図 2.16）。この島を選んだ理由の一つは、読者の多くが地形をよく知らないか

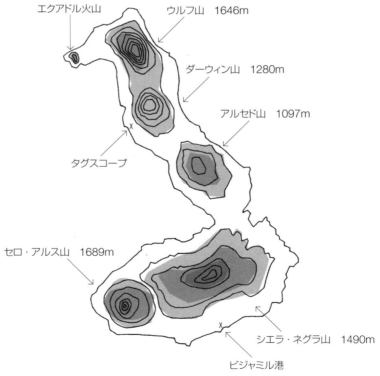

図 2.16　イザベラ島の地図

らです。もう一つは、進化計算のもとになっている進化論の父ダーウィンに敬意を表していることもあります。ひょっとして読者がこの島をよく知っているならば他の適当な未知の場所（月の地面など）を考えてください。さて、あなたの上陸した場所（出発点）はビジャミル港と呼ばれているところだとしましょう（図中に×で示した場所）。このときどうやって一番高い山の頂上に登るでしょうか？　さらに付け足すと、イザベラ島は雨期にかけて雨や霧が多くて視界が非常に悪いのです。そして今は雨期のまっただなかだとしましょう。

また雨期には木や草が生い茂ってなおさら視界は悪くなります。もちろん島の地図などは手に入りません。

このときあなたがとれる有効な方法の一つとして次のようなものがあります。

「自分の周りを見回して一番上り勾配の大きいところへ一歩進む。このことを周りに上り勾配がなくなるまで繰り返す。もし周りに上り勾配がないならば探索を終了してその地点を頂上だと考える。」

これは局所的山登り法（または局所的探索）と呼ばれています（図2.17）。局所的（local）というのは、自分のすぐ周りしか見ていないからです。先ほどのイザベラ島の例を考えてみましょう。このとき、ビジャミル港から出発したあなたは少しずつ北北西に進んで行きます。そしてシエラ・ネグラ山の頂上に登ったところで探索は終了します。しかし明らかにこれは最適解ではありません。正しくはセロ・アルス山に登るべきでした。何が悪かったのでしょうか。その原因は明らかに局所的にしか勾配を見ていないからです。そこで改善策として、

1. より広く勾配を見る。
2. 一度頂上に達しても終わりとせず、また下に降りて別の頂上を目指す。

などが考えられます。しかしながら、これを実際に実行するのは容易なことではありません。後の章で説明する進化計算はこれらの方向に沿った改良手法の一つです。

最適解ではない頂上のことを局所解と呼びます。局所的山登り法では局所解が見つかる場合が多くなります。これに対してセロ・アルス山のような真の解のことを大域解（global solution）と呼ぶことがあります。局所解の重要な特徴は、

第 2 章 関数の最適化をしてみよう

図 2.17　局所的山登り法

「局所的には最適である。」

ということです。つまり、シエラ・ネグラ山の頂上に立つとその周囲（局所的な小さな範囲）ではそれより高い場所はありません（図 2.18）。また同じ意味ですが、局所解の周りには上り勾配が存在しません。したがってこの山の頂上に来てしまうと局所探索では改善しようがないのです。これは見かけ以上にきわめて厄介な問題です。今の例ではたまたま二つの山が近接していました。しかしもっと別の場所から探索を始めたと仮定してみましょう。たとえば南の方にあるタグスコーブを出発点とします。このときどうやってセロ・アルス山に登ることができるでしょうか？　いくつかの偽の最適解（局所解）をうまく避けて果たして頂上にたどり着けるのでしょうか？　このように、局所解の回避は探索についての重要な課題となっています。進化計算はこうした問題の効果的な解決法を提供します。

図 2.18 シエラ・ネグラ山頂にて

　ただし、局所的探索法は必ずしも良くないわけではありません。うまい出発点を選べば最適解に達するし、局所探索で得られた局所解は（最適ではないが）それなりの良さを示しています。何よりもこの方法は単純でわかりやすいでしょう。そのため局所探索は改良や拡張の出発点として、あるいはとりあえず手頃な探索方法としてしばしば用いられています。

　では、局所探索の成績を向上させるためにはどんな改良法があるでしょうか？　これには、

> 「出発点を変えて何度も実行し、得られたすべての頂上の中で最良のものを解とする。」

というものがあります。先ほどのイザベラ島を考えると、何度か出発点を（ランダムに）選べば、そのうち1回くらいはセロ・アルス山の麓になるかもしれません。このときは局所的探索によって最適解（セロ・アルス山の頂上）に到達します。しかしここにも一つの問題があります。最適解を得るためにあまりに多くの出発点を取り直さなくてはならないのなら、探索に許されている時間は一般に有限なので実用的ではありません。つまり、繰り返し出発点を選べるとしてもその数は限られているのです。したがって、いかにして少ない回数の

やり直しで最適解に到達できるかが問題となります。

2.3 最急勾配山登り法

前節では、局所的山登り法について説明しました。この方法をまとめると次のようになります。

Step1 一つの出発点をランダムに選ぶ。この地点を「現頂上」とする。
Step2 周囲を見てその高さを記録する。
Step3 もし周囲のどこかが「現頂上」よりも高ければ、その地点を「現頂上」と変更する（同じ高さの場合はそれらの中からランダムに決める）。そして **Step2** へ戻る。
Step4 もし高さの増加がない場合には、今までの最高頂上より「現頂上」が高いならそれを保存する。そして **Step1** へ戻る。
Step5 決められた時間が経過したならば、見つかった最高の頂上を返す。

　これは最も勾配のあるところを登っていくので、最急勾配山登り法（Steepest Ascent Hill-Climbing, SAHC）と呼ばれています。

　では実際に Excel のシミュレータで山を登ってみましょう。再び GA-2D シミュレータのマクロを実行してください。すると実行画面の右の中ほどに探索方法（Search Method）の設定メニューがあります（図 2.19）。それぞれの項目は次の意味を持ちます。

- GA：次章以降で説明する遺伝的アルゴリズム（本書のメイントピック）
- SAHC：最急勾配山登り法
- NAHC：遂次勾配山登り法（次節で説明）
- RMHC：ランダム突然変異山登り法（次節で説明）
- # Evaluation：繰り返し回数（山登り法のときに指定）

2.3 最急勾配山登り法

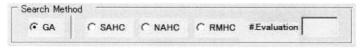

図 2.19 「SearchMethod」の設定メニュー

まず「SAHC」を選択したあとで、右半分の下にある「Start」ボタンをクリックして実行してみましょう。このとき以下の初期設定にしてみます（関数の設定は図 2.3 参照）。

- 関数定義：$F(x) = \sin(x)\hat{}3 + 0.5*x$
- 定義域：$0 \leq x < 17$
- 探索方法：SAHC
- 繰り返し回数：200
- 遺伝子長：6（図 2.27 参照）

実行すると左の関数表示画面に緑の点（点 A）が動き、山を登り始めるのがわかります（図 2.20）。これが最急勾配山登り法による点の動きです。しば

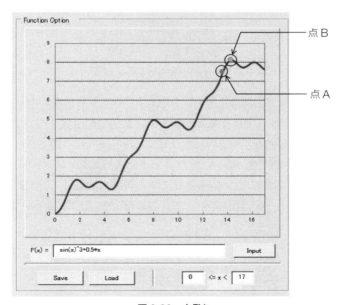

図 2.20 山登り

第2章 関数の最適化をしてみよう

らくすると実行は終了しますが、「Start」ボタンを再びクリックするとまた山を登らせることができます。ランダムに初期地点を選んで山登りを開始します。一度山の頂上（周りにより高い場所がないとき）に登ると、また別の初期地点を選んで山登りを始めます。今までに見つかった最も高い頂上がオレンジ色の点で表されています。実行終了後にこの最良値（オレンジ色の点：点B）の座標が「Best Gene」に表示されています（図2.21）。この場合はたいてい $x = 14.344$, $F(x) = 8.109$ となるでしょう。ただし乱数を使用しているのでいつもこのようになるとは限りません。実行の様子も、乱数を使っているために毎回違うはずです。

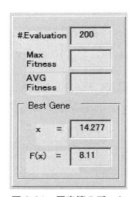

図2.21　最良値のデータ

1回の実行は繰り返し回数（この場合200）で制限されます。繰り返し回数とは $F(x)$ を呼び出す（評価する）回数です。最急勾配山登り法では、山を1回登るごとに周囲の点をすべて評価しなくてはなりません（図2.22）。

たとえば、一変数関数 $F(x)$ の最適値を求めるGA-2Dシミュレータの場合、1回山を登るごとに2点を評価します。現在の点を x_c としましょう。$F(x_c + \Delta x)$ と $F(x_c - \Delta x)$ の最大値を $F_{\max}$ としたとき、以下のようになります。

- $F_{\max} > F(x_c)$ のとき、$x_c + \Delta x$ と $x_c - \Delta x$ で $F_{\max}$ を与える方を新しい x として山を登ります。もしも $F(x_c + \Delta x) = F(x_c - \Delta x) = F_{\max}$ ならばランダムに $x_c + \Delta x$ と $x_c - \Delta x$ の一方を選んで新しい x とします。
- $F_{\max} \leqq F(x_c)$ のときは x_c の位置に留まります。

2.3 最急勾配山登り法

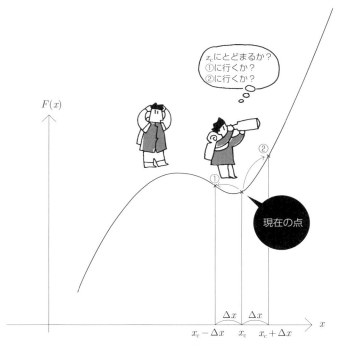

図 2.22　最急勾配山登り法のときの評価

ここで $x_c + \Delta x$ と $x_c - \Delta x$ が x_c の周囲の点です。つまり山を登るたびに左右の2点を評価することになります。

右半分の上の「Result」のグラフには山を登る過程で評価した $F(x)$ の値が評価回数に対して表示されています（図 2.23）。オレンジ「Best」の線がこれまでに見つかった最良値、緑「Current」の線が毎回の評価値です。ときどき急に緑「Current」の線が下がりますが、これは山の頂上まで到達した（周りにより高い地点がなくなった）のでランダムな初期地点をとって山登りを再開するためです。必ずしも緑「Current」の線が単調に増加しないのは、上で述べたように周囲の点の評価をすべて表示しているからです。この効果をよりはっきりと見るために、繰り返し回数を小さく（10 程度に）して実行を行ってください。ほぼ2回ずつ評価しながら山を登っているのがわかります（図 2.24）。

第 2 章 関数の最適化をしてみよう

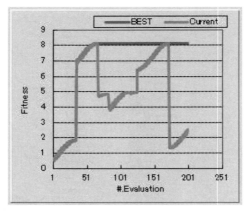

図 2.23　山を登るときの評価値

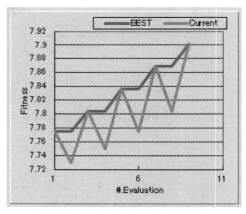

図 2.24　2 回ごとに評価して山を登る

さてもう一度関数 $F(x) = \sin(x)\verb|^|3 + 0.5*x$ のグラフを見てみましょう（図 2.25）。この関数には多くの局所解があることがわかります。結果のグラフで、$F(x) = 8.109$ に到達せずに初期地点に戻ったところがそれを表します。図 2.26 にそれらの一例を示しました。

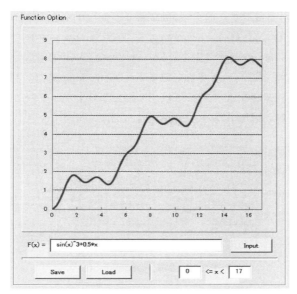

図 2.25　F(x)=sin(x)^3+0.5*x のグラフ

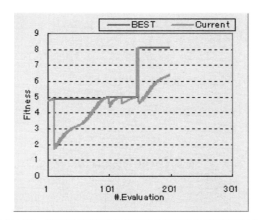

図 2.26　最適値に到達せず初期地点に戻りながら探索する

ここで「周囲の点」という意味について注意してください。周囲とは文字通り現地点の周りということです。探索の場合には1回の移動で移される範囲を意味しています。これは近傍（neighborhood）や局所領域（local area）ともいわれます。こうした近傍は「1回の移動」の定義に依存します。これが歩幅

第2章 関数の最適化をしてみよう

Δx で定義される量です。1 回の移動距離（歩幅）が大きくなれば近傍も大きくなります。歩幅は「GA Parameter」にある「Gene length」で定義します（図 2.27）。これは後で述べる進化計算の遺伝子長を定義するものですが、山登り法の歩幅の設定にも利用されています。「Gene length」に自然数 n を入力すると、x の定義域を 2^n で割った値が歩幅となります。このように定義する理由は進化計算の遺伝子長のところで詳しく説明します。

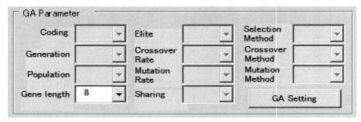

図 2.27　歩幅（Gene length）

先の例（37 頁）では、定義域が $0 \leq x < 17$ で「Gene length」は 6 となっていました。そのため歩幅は、

$$\Delta x = \frac{17-0}{2^6} \tag{2.5}$$

となります。このシミュレータでは x のとる値は、

$$0 + \Delta x \times i \ (i = 0, 1, 2, \cdots, 2^6 - 1) \tag{2.6}$$

となります。

一般に定義域が $a \leq x < b$ で「Gene length」が n のとき、歩幅は、

$$\Delta x = \frac{b-a}{2^n} \tag{2.7}$$

となり、x のとる値は、

$$a + \Delta x \times i \ (i = 0, 1, 2, \cdots, 2^n - 1) \tag{2.8}$$

となります。なお定義域が $a \leq x < b$ というように b の値未満であることに注

意してください。

「Gene length」の値を小さくして（たとえば4）実験すると一歩あたりの移動が大きくなることを確認してください（図2.28）。それとともに探索が粗くなって、山の頂上を越えてしまうこともあります。「Gene length」の可能な最小値は2ですが、この値を採用すると探索は正解（最も高い山頂）には到達しないでしょう。

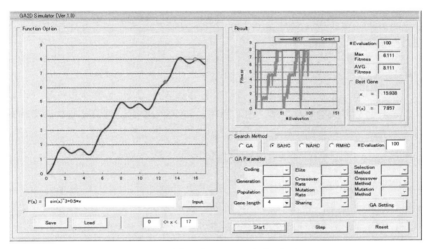

図2.28 歩幅を大きくして山登りをする

「Gene length」の値を大きくしてみると、より正確な解が得られるでしょう。しかし歩幅が小さいので、山を登るスピード（評価数あたりの上昇率）は遅くなるはずです。

ここでいろいろな関数を入力して山登り法を試してみてください。たとえば先ほど適合度ランドスケープを見た、

- $F(x) = 10 - (x - 10) * (x - 10)$
- $F(x) = \mathrm{abs}(\sin(x))$
- $F(x) = \mathrm{abs}(\sin(x) * x)$
- $F(x) = \mathrm{rand}(\ ) * x$

について試してみましょう。ランドスケープの違いが山登り法の成功・失敗に

第 2 章 関数の最適化をしてみよう

どのように影響するのかがわかるかと思います。

次に GA-3D のシミュレータで実験をしてみましょう。ここでは 2 変数関数 $F(x, y)$ の最適値を山登り法で求めることになります。2 次元の空間 (x, y) を歩きながら最も高度 $F(x, y)$ の大きい山の頂上を目指す、というわれわれにとってより身近な山登りとなります。

このときの近傍はどうなるでしょうか？　現在の点を (x_c, y_c) とし、歩幅を $\Delta x, \Delta y$ としましょう。$F(x_c + \Delta x, y_c + \Delta y)$, $F(x_c + \Delta x, y_c - \Delta y)$, $F(x_c - \Delta x, y_c + \Delta y)$ および $F(x_c - \Delta x, y_c - \Delta y)$ の最大値を $F_{\max}$ としたとき、以下のようになります。

- $F_{\max} > F(x_c, y_c)$ のとき、$F(x_c + \Delta x, y_c + \Delta y)$, $F(x_c + \Delta x, y_c - \Delta y)$, $F(x_c - \Delta x, y_c + \Delta y)$, $F(x_c - \Delta x, y_c - \Delta y)$ の中で $F_{\max}$ を与える方を新しい x として山を登ります。もしも $F_{\max}$ を与える点が複数あるならばランダムに 1 点を選んで新しい x とします。
- $F_{\max} \leq F(x_c)$ のときは x_c の位置に留まります。

ここで $F(x_c + \Delta x, y_c + \Delta y)$, $F(x_c + \Delta x, y_c - \Delta y)$, $F(x_c - \Delta x, y_c + \Delta y)$ および $F(x_c - \Delta x, y_c - \Delta y)$ が (x_c, y_c) の周囲の点となり、つまり山を登るたびに上下左右の 4 点を評価することになります。

では実際に Excel のシミュレータで山を登ってみましょう。GA-3D シミュレータのマクロを実行してください。実行画面（図 2.29）の右の中ほどに探索方法の設定メニュー「Search Method」があります。それぞれの項目の意味は GA-2D シミュレータと同じです。

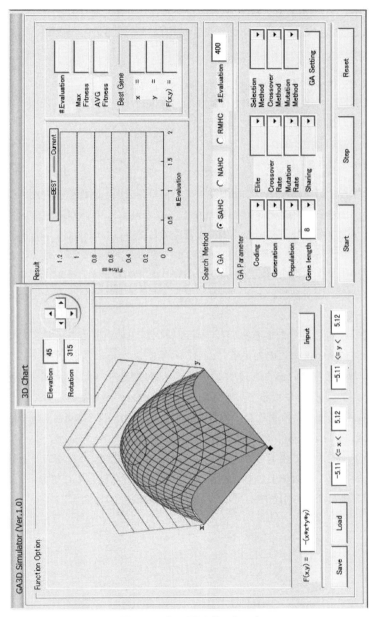

図 2.29　GA-3D シミュレータ

第 2 章 関数の最適化をしてみよう

「SAHC」を設定して、右半分の下の「Start」ボタンをクリックして実行してみましょう。このとき以下の初期設定になっていることを確認してください。

- 関数定義：$F(x, y) = -(x*x + y*y)$
- 定義域：$-5.11 \leqq x < 5.12, -5.11 \leqq y < 5.12$
- 探索方法：SAHC
- 繰り返し回数：400
- 遺伝子長：8

実行すると最急勾配山登り法に従って、左の関数表示画面に緑の点（点 A）が動き、山を登り始めるのがわかります（図 2.30）。これは単峰性の簡単なランドスケープなので、まもなく頂上に着くでしょう。しばらくすると実行は終了しますが、「Start」ボタンを再びクリックするとまた山を登らせることができます。ランダムに初期地点を選んで山登りを開始します。一度山の頂上（周りにより高い場所がないとき）に登ると、また別の初期地点を選んで山登りを始めます。

今までに見つかった最も高い頂上がオレンジ色の点（点 B）で表されています。実行終了後にこの最良値（点 B）の座標が「Best Gene」テキストボックスに表示されています（図 2.31）。この場合はたいてい、「x=0.0」「y=0.0」「F(x, y)=0」の近くになるでしょう。ただし乱数を使用しているのでいつもこのようになるとは限りません。実行の様子も乱数のために毎回違うはずです。必ずしも緑「Current」の線が単調に増加しないのは、上で述べたように周囲の点の評価をすべて表示しているからです。この効果をよりはっきりと見るために、繰り返し回数を小さく（10 程度に）して実行を行ってください。ほぼ 4 回ずつ評価しながら山を登っているのがわかります（図 2.32）。

2.3 最急勾配山登り法

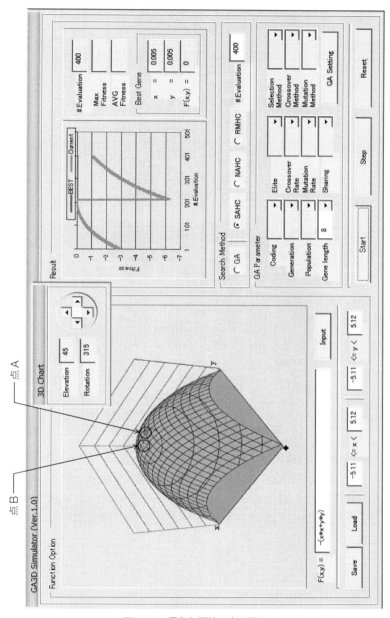

図 2.30 最急勾配法で山を登る

第2章 関数の最適化をしてみよう

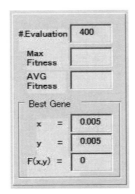

図2.31 最良値のデータ

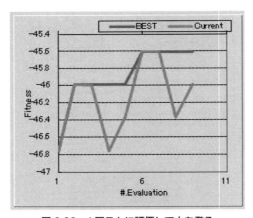

図2.32 4回ごとに評価して山を登る

「Gene length」の値を小さくして実験すると、一歩あたりの移動が大きくなることを確認してください（図2.33）。それとともに山の頂上を越えてしまうこともあります。「Gene length」の値を大きくしてみるとより正確な解が得られるでしょう。しかし山を登るスピード（評価数あたりの上昇率）は遅くなるはずです。

2.3 最急勾配山登り法

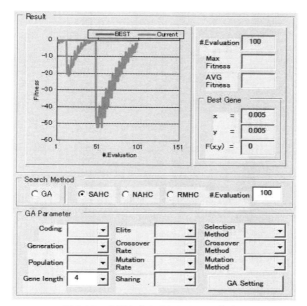

図2.33　歩幅を大きくしたときの山登り

ここでいろいろな関数を入力して山登り法を試してみてください。たとえば先ほど適合度ランドスケープを観察した次のような関数ではどうなるでしょうか？

- $F(x, y) = x^* \cos(x) + y^* \sin(y)$
- $F(x, y) = \mathrm{round}(x + y, 0)$
- $F(x, y) = (x + 2^* y + 5)/(x^* x + y^* y + 15)$
- $F(x, y) = \mathrm{rand}(\ )^* (x^* x + y^* y - x - y)$

3次元空間でのランドスケープの違いが山登り法の成功・失敗にどのように影響するのかがわかるかと思います。

特に $F(x, y) = x^* \cos(x) + y^* \sin(y)$ には多くの局所解があります。結果のグラフで、$F(x, y) = 5.1$ に到達せずに初期地点に戻ったところがそれを表します。

図2.34にそれらの一例を示しました。

第2章 関数の最適化をしてみよう

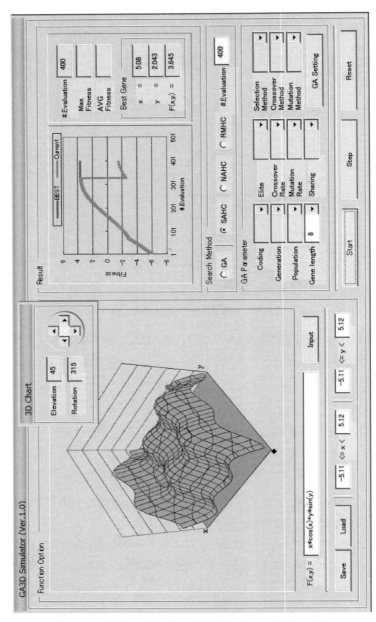

図 2.34 最適値に到達せずに初期地点に戻って山登りをする

2.4 山登り法のいろいろ

前節では局所的山登り法について説明しました。この方法について、次のような 2 種類の変形版が考えられます（図 2.35、図 2.36）。

図 2.35　逐次勾配山登り法

図 2.36　ランダム突然変異山登り法

■遂次勾配山登り法

Step1 一つの出発点をランダムに選ぶ。この地点を「現頂上」とする。

Step2 時計回りで北から周囲を見ていく。ある場所が「現頂上」よりも高いならば、それを新たな「現頂上」とする。そして再び時計回りで「現頂上」の周囲を見ていくが、このとき先の頂上で「現頂上」が見つかった次の方向から見始める。

Step3 もし高さの増加が見られないならば、見つかった最高頂上よりも「現頂上」が高いときそれを保存する。そして **Step1** に戻る。

Step4 決められた時間が経過したならば、見つかった最高の頂上を返す。

■ランダム突然変異山登り法

Step1 一つの出発点をランダムに選ぶ。この点を「最高評価解」という。

Step2 周囲の点をランダムに選ぶ。この点が現在地点よりも高いときこの点を「最高評価解」とする。

Step3 最適な点が見つかるか、定められた時間が経過したら **Step4** へ行く。さもなければ **Step2** へ戻る。

Step4 最高評価解を返す。

これらはそれぞれ図 2.37 の「Search Method」の

- NAHC：遂次勾配山登り法（Next Ascent Hill-Climbing）
- RMHC：ランダム突然変異山登り法（Random Mutation Hill-Climbing）

に対応します。

図 2.37　Search Method

これまでに説明した三つの山登り探索の違いは周囲の点を選ぶ方法にあります。つまり、

- SAHC：最もよい周囲の点を選ぶ。

2.4 山登り法のいろいろ

- NAHC：最初に見つかったよい点を選ぶ。
- RMHC：ランダムに見つける。

という違いです。逐次勾配山登り法では、**Step2** において先の頂上で「現頂上」が見つかった次の方向から見始めるようになっています。これは同じ勾配であっても公平にすべての方向に進むようにするためです。

では Excel のシミュレータを使って三つの山登りを比べてみましょう。GA-3D シミュレータのマクロを実行してください。初期設定での、

- 関数定義：$F(x, y) = -(x*x + y*y) + 1$
- 定義域：$-5.11 \leq x < 5.12, -5.11 \leq y < 5.12$
- 探索方法：SAHC
- 繰り返し回数：400

に対して SAHC、NAHC、RMHC の三つの探索方法を選んで、山登りをする様子を比べてください。これは非常に単純な単峰性のランドスケープであり、SAHC であればすぐに頂上に到達できる問題です。実行してみると、緑の点「Current」の振る舞いが、探索方法により異なることがわかります。たとえば繰り返し回数を 30 程度に設定したときの探索の様子を、図 2.38 〜図 2.40 に示します。山を登る（オレンジ「Best」の線が上昇する）のにどのくらい評価が必要なのかを観察することができます。

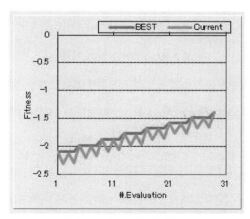

図 2.38　SAHC での山登り

第 2 章 関数の最適化をしてみよう

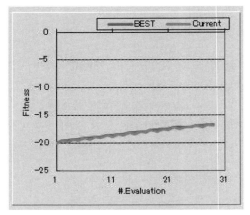

図 2.39　NAHC での山登り

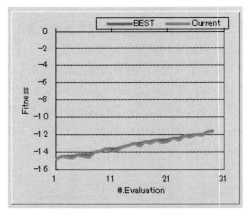

図 2.40　RMHC での山登り

三つの方法の特徴をまとめると、以下のようになります。

- SAHC：必ず周囲をすべて見渡すので慎重で必ず成功するが、余分な評価回数も多い。
- RMHC：ランダムに一つ選ぶだけなのでうまくいけば評価回数は少ないが、失敗も多い。
- NAHC：上の二つの中間で、同じ方向でだいたい勾配が続くというヒューリスティクスを利用している。

三つのうちどの方法が優れているかはランドスケープの形に依存しますので、一概にはいえません。

たとえば先ほどに例としてあげた、

- $F(x, y) = x^*\cos(x) + y^*\sin(y)$
- $F(x, y) = \mathrm{round}(x + y, 0)$
- $F(x, y) = (x + 2^*y + 5)/(x^*x + y^*y + 15)$
- $F(x, y) = \mathrm{rand}(\ )^*(x^*x + y^*y - x - y)$

などで比較してみてください。

2.5 山登り法の限界

前節までに見た山登り法は単純ですが、多くの問題点があります。

まず、山登り法はある程度成功しますが、しばしば局所解に到達してしまいます。何度も繰り返し実行すればいつかは最適解にたどり着くかもしれませんが、効率はあまり良くありません。

もう一つの問題点は次元の呪い（curses of dimension）と呼ばれるものから来ています。これまでの例は、1変数（1次元）や2変数（2次元）の関数を扱っていました。しかし実際の応用ではもっと大きな次元（変数）の問題を解く必要があります。たとえば筆者が扱っているヒューマノイドロボットの最適化（図2.41）では、20自由度（それぞれ3次元）のパラメータを扱います。つまり $20 \times 3 = 60$ 次元の問題です。

先ほどの説明からわかるように、SAHCでは n 次元に対しては 2^n 個の近傍を山登りのたびに評価しなくてはなりません。つまり60次元では、

$$2^{60} \fallingdotseq 10^{18} \tag{2.9}$$

の回数の関数評価（比較）を一歩動くたびにしなくてはならず、これは通常のコンピュータでは実現可能ではありません。

第 2 章　関数の最適化をしてみよう

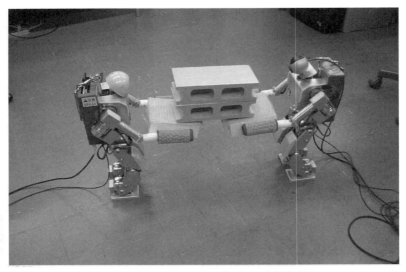

図 2.41　ヒューマノイドロボットでの最適値探索

　このように次元が上がると指数関数的に問題の複雑さが増加していくことを、「次元の呪い」と呼んでいます。

　こうした困難を解決するための有効な手法の一つが遺伝的アルゴリズム（進化計算）です。次章ではこの手法について説明します。

第3章

GAを使ってみよう

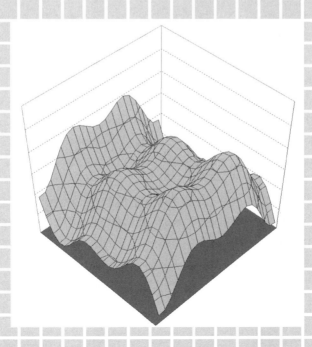

3.1 進化計算の原理の復習

この章では GA について詳しく説明していきます。まず第 1 章で述べた進化計算の原理を簡単に復習しましょう。

進化計算で扱う情報は、GTYPE とそれが発現してできる PTYPE の二層構造からなっています。GTYPE に進化計算のオペレータ（遺伝的オペレータ）が作用します。環境に応じて PTYPE から適合度が決まります。なおしばらくは、適合度は大きい数値をとるほどよいものとしましょう。また適合度としては、前章で説明した目的関数値 $F(x)$, $F(x, y)$ を採用します。したがって、大きい適合度ほどよいということは、ランドスケープにおいて高い山に登るほど望ましいことを意味します。

進化計算の基本的なしくみは図 3.1 のようになります。何匹かの魚がいて集団を構成します。これを世代 t の魚としましょう。この魚は各々 GTYPE として遺伝子コードを有し、それが発現した PTYPE に応じて適合度が決まっています。適合度は図では丸の中の数値として示されています。これらの魚は生殖活動を行い次の世代 $t+1$ の子孫をつくり出します。生殖に際しては適合度のよい（大きい）ものほどよりたくさん子孫をつくりやすいように、そして適合度の悪い（小さい）ものほど死滅しやすいようにします。そのときに親の GTYPE の組み換えや変形がなされて子の GTYPE が生成されます。

この結果、次の世代 $t+1$ での各個体の適合度は前の世代よりもよいことが期待されます。そして、集団全体として見たときの適合度が上がっているでしょう。同様にして、$t+1$ 世代の魚たちが親となって $t+2$ 世代の子孫を生みます。これを繰り返していくと世代が進むにつれしだいに集団全体が良くなっていきます。

GA のイメージをつかむために簡単な実行で試してみましょう。GA-3D シミュレータのマクロを実行してください。初期設定を次のように変更してください（図 3.2）。

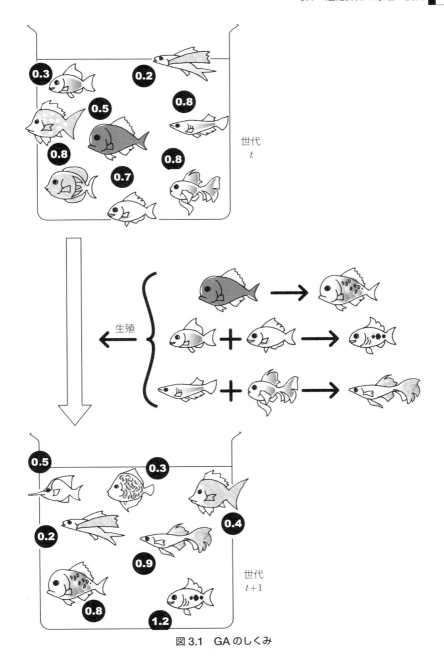

図 3.1　GA のしくみ

第3章 GAを使ってみよう

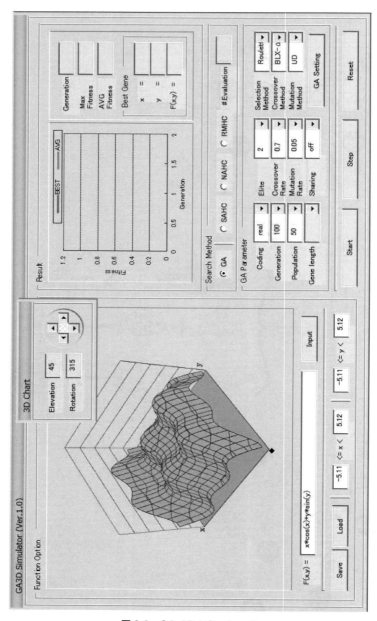

図3.2　GA-3Dシミュレータ

- 関数定義：$F(x, y) = x*\cos(x) + y*\sin(y)$
- 定義域：$-5.11 \leq x < 5.12,\ -5.11 \leq y < 5.12$
- 探索方法：GA

その他の部分はそのままでもかまいません。「Start」ボタンをクリックして実行してみましょう。すると多くの緑色の点が動き回るのを観測できると思います。この一つひとつがGAにおける個体です。この場合には集団数50、最大世代数50でのGAが実行されます。適合度ランドスケープ上に緑とオレンジの点が微動しながら探索が進行していきます。ここでオレンジの点はそれまでに見いだされた最大値、緑の点が現在の探索地点です。緑の点はさまざまに動き回りますが、オレンジの点はすぐに一番高い山に到達するでしょう。実行が終わったときには最終世代での各個体の位置が緑の点で表示されます。このとき右上の「Result」のグラフには、世代ごとの平均適合度（AVG：集団での適合度の平均値）と最良適合度（Best）の推移が示されています（図3.3）。世代を経るにつれ探索が進んでいく（適合度が上がっていく）ことがわかると思います。また右上の「Result」の右には結果の表示用テキストボックスがあります（図3.4）。これは次のような項目からなります。

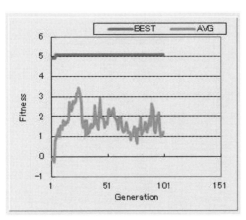

図 3.3　世代ごとの適合度

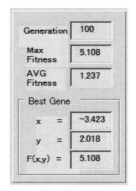

図 3.4 結果の表示（世代数、適合度、遺伝子）

- Generation：最大世代数
- Max Fitness：最良適合度
- AVG Fitness：平均適合度
- Best Gene：最終的に見つかった最良値の (x, y) 座標と関数値 $F(x, y)$

　実行が終わった後でもう一度「Start」ボタンをクリックすると、最初からGA の探索を始めることができます。ただし、ランダムに初期の世代を生成するので結果は毎回異なります。

　いろいろな関数を入力して、GA の実行を試してください。緑色の点の集団が集まったり離ればなれになりながら、山の頂上に登っていくのが見られるでしょう。またなかには山の上ではなくて下の方をうろついているような緑の点もいます。それでもオレンジの点は迅速に頂上に到達すると思います。

　次節以降では GA のしくみを見ていくことにしましょう。

3.2 GAのしくみ

　しばらくはGAのGTYPEとして1次元のビット列（0と1の列）を考え、それをバイナリ表現で変換したものをPTYPEとします（この変換については次節で説明します）。遺伝子座（locus）とは、染色体上の遺伝子の場所をいいます。GAでも、GTYPEの場所を指すのに遺伝子座という用語を転用します。たとえば、010というGTYPEにおいては、

　　1番目の遺伝子座の遺伝子　⇒　0
　　2番目の遺伝子座の遺伝子　⇒　1
　　3番目の遺伝子座の遺伝子　⇒　0

などとなります。

　ここで選択について簡単に説明しましょう。進化計算では、適合度の大きいものほどより多産であり、適合度の小さいものほど死にやすいように選びます。それを実現する最も単純な方法は、適合度に比例した面積を有するルーレット（重み付けルーレットと呼ぶ）をつくり、そのルーレットを回して当たった場所の個体を選択するというものです。この方式をルーレット戦略といいます（詳しくは次節で説明します）。

　生殖の際には、GTYPEに対して図3.5に示す遺伝的オペレータが適用され、次の世代のGTYPEを生成します。これをGAオペレータと呼んでいます。ここでは簡単のためにGTYPEを1次元の配列として表現しています。各オペレータは生物における遺伝子の組み換え、突然変異などのアナロジーです（図3.6）。これらのオペレータの適用頻度、適用部位は一般にランダムに決定されます。なお厳密にいえば、図3.5の交叉は、交叉点が一つなので一点交叉と呼ばれています。交叉に関しては、次のようなバリエーションがあります。

第3章 GA を使ってみよう

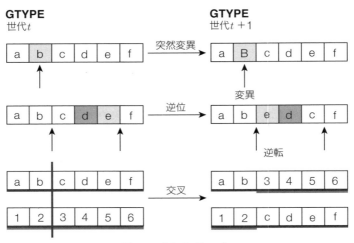

図 3.5　GA オペレータ

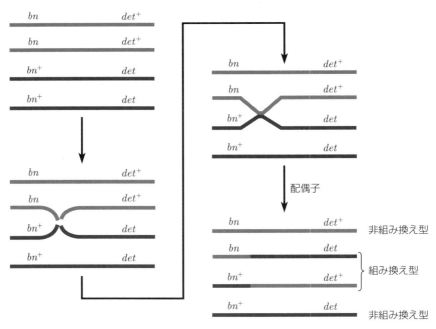

(a) 減数分裂における両性雑種雌の bn と det 遺伝子座間での相同染色体の組み換え（[タマリン 88] より）

図 3.6　生物での遺伝子の組み換えと突然変異

3.2 GAのしくみ

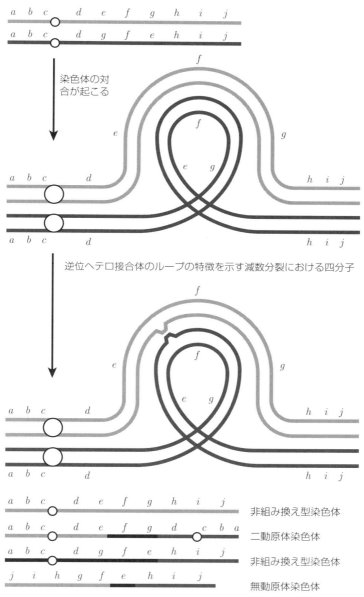

(b) 逆位ヘテロ接合体における組み換えの結果（[タマリン 88] より）

図 3.6 生物での遺伝子の組み換えと突然変異（続き）

第 3 章　GA を使ってみよう

- 一点交叉（one-point crossover、以下 1X と書く）
- 複数点（n 点）交叉（n-point crossover、以下 nX と書く）
- 一様交叉（uniform crossover、以下 UX と書く）

一点交叉はすでに説明したものです（図 3.7（a））。n 点交叉は交叉点が n 個あるもので、$n=1$ の場合が一点交叉に相当します。この交叉法では、交叉点の間で交互に片方の親から遺伝子を受け継ぎます。

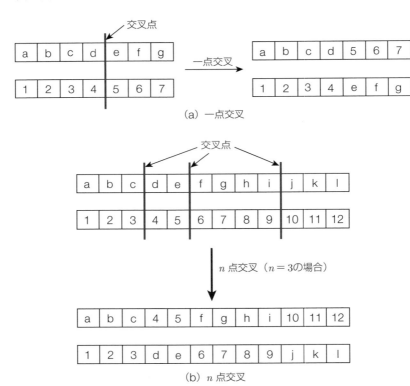

図 3.7　交叉のいろいろ

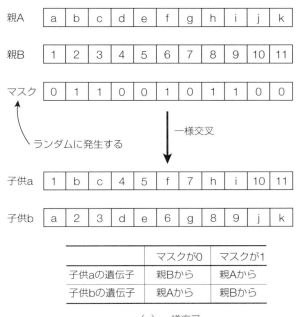

(c) 一様交叉

図 3.7 交叉のいろいろ（続き）

図 3.7（b）は $n=3$ の場合を示しています。$n=2$ の二点交叉がしばしば用いられます。

一様交叉は任意個の交叉点をとれるような交叉法で、0, 1 からなるビット列のマスクを用いて実現します。まずこのマスクにランダムに 0, 1 の文字列を発生させます。交叉は次のように行います。二つの親を A, B とし、つくるべき子供を a, b とします。このとき、a の遺伝子は、対応するマスクが 1 のときは親 A から受け継ぎ、マスクが 0 のときは親 B から受け継ぎます。逆に b の遺伝子は、マスクが 0 のときは親 A から受け継ぎ、マスクが 1 のときは親 B から受け継ぎます（図 3.7（c））。

GA の基本的な流れをまとめると、次のようになります（図 3.8）。GTYPE の集合 $\{g_t(i)\}$ をある世代 t における個体群としましょう。各々の $g_t(i)$ の表現型 PTYPE $p_t(i)$ に対して環境内における適合度（fitness value）$f_t(i)$ が決定されます。GA オペレータは、一般に適合度の大きな GTYPE に適用され、そ

の結果生成された新たな GTYPE は適合度の小さな GTYPE と置き換えられます。以上によって適合度による選択を実現し、次の世代（$t+1$）の GTYPE の集合 $\{g_{t+1}(i)\}$ が生成されます。その後、同様にしてこれらの過程が繰り返されます。

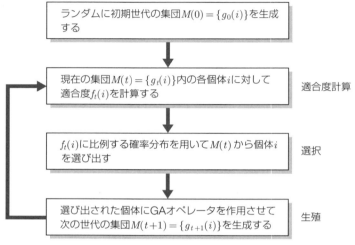

図 3.8　GA の基本的な流れ

確認のために一変数関数の最適化のための GA を実行してみましょう。GA-2D シミュレータのマクロを実行してください。このとき次の初期設定で「Start」ボタンをクリックしてください。

- 関数定義：$F(x) = \sin(x)^3 + 0.5 * x$
- 定義域：$0 \leqq x < 17$
- 探索方法：GA

実行すると左の「Function Option」の関数表示画面に緑の点（点 A）の集団が動き、山を登り始めるのがわかります（図 3.9）。今までに見つかった最も高い頂上がオレンジ色の点（点 B）で表されています。実行終了後にこの最良値（点 B）の座標が「Best Gene」に表示されています。ここで次のことに注意してください。

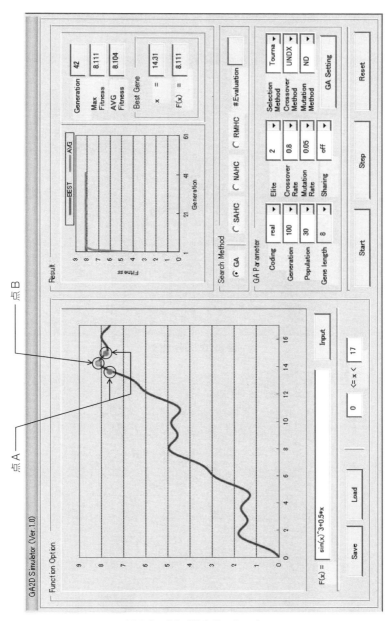

図 3.9 GA-2D シミュレータ

1. 実行の開始時には50個近くの緑の点（矢印部分）があります。これが初期集団の個体です（図3.10）。
2. 進化計算の実行が終了したときに表示される緑の点は少なくなっています（図3.11）。

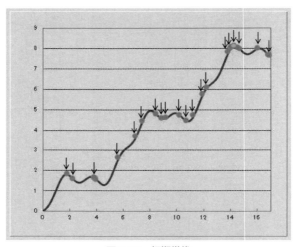

図3.10　初期世代

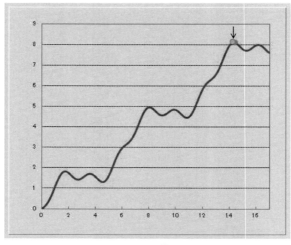

図3.11　最終世代

3.2 GAのしくみ

　これは終了世代での個体数が減ったのではなく、同じ x 座標となる個体が多くなったことを意味しています。点が重なっているので少なく見えるのです。つまり、初期世代はランダムにつくり出されるのでいろいろな個体がいます。しかし、探索が進むにつれ優秀な親から似たような子孫が大量に輩出されて、次第に集団が一様になっていきます。これを多様性の喪失と呼び、進化計算の探索では注意しなくてはならない現象の一つです。特に探索の初期にこの現象が起こると、局所解に陥る可能性があります。これは早熟な収束と呼ばれています。

　GAでは効率化のためのさまざまな工夫がなされています。その主なものは、

- コーディング方法
- 選択方式
- 進化計算オペレータ

です。

　シミュレータの「GA Parameter」の部分ではこれらのパラメータやオプションの設定ができるようになっています（図3.12）。また「GA Setting」ボタンをクリックするとこれらのパラメータをより詳しく設定できます（図3.13）。

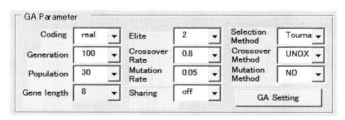

図 3.12　GA パラメータの設定

第3章 GAを使ってみよう

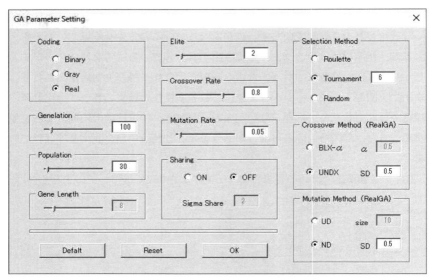

図3.13 GAパラメータの詳細設定

次節以降ではこのシミュレータをもとにして進化計算の代表的な技法を説明しましょう。

なお以下では特に断りのない限り、適合度に次の仮定を置いています。

1. 適合度は正の数をとる。
2. 適合度は値の大きいものほどよい。

3.3 遺伝子型と表現型のコーディング

本節では、(x を変数とする) 1 次元関数の最適化を考えましょう。GA の遺伝子型 (GTYPE) は実数値 x (PTYPE) を表すものとなります。GA における遺伝子型の表現方法をコーディング (またはエンコーディング) と呼びます。これは探索する空間の座標 (この場合 x) から遺伝子型への写像です。適合度関数を計算する場合には、遺伝子型から探索する空間内の座標を求める必要があります。この逆写像をデコーディングと呼んでいます。

GA で最も一般的に用いられる表現方法はバイナリ表現です。これは通常の 2 進数を x の領域に対応させるものです。たとえば、定義域が $1 \leq x < 5$ で、遺伝子長を 3 とした場合、GTYPE から PTYPE への変換 (デコーディング) は表 3.1 のようになります。つまり 1 ビット増えるごとに $\Delta x = (5.0 - 1.0)/2^3 = 0.5$ だけ PTYPE が増えるように変換します。

表 3.1 GTYPE から PTYPE への変換

GTYPE	PTYPE
000	1.0
100	1.5
010	2.0
110	2.5
001	3.0
101	3.5
011	4.0
111	4.5

遺伝子長は「GA Parameter」の「Gene length」コンボボックスで指定できます (図 3.14)。なお本シミュレータではビット列の MSB (Most Significant Bit) は右となることに注意してください。つまり一番左のビットが最も下の桁であり、一番右のビットが最も上の桁となります。

第3章 GAを使ってみよう

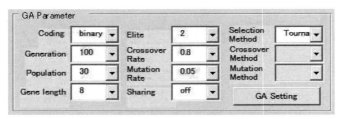

図3.14 「Gene length」の指定

「GA Parameter」の「Coding」コンボボックスで「binary」と指定すると、上のような遺伝子型(バイナリ表現)をもとに進化計算を実行します。「gray」と指定すると、グレイコーディングで遺伝子型をつくります。グレイコーディング(gray coding)とは隣接するコードが1ビットしか違わないコード化のことです。このことをハミング距離が1であるといいます。たとえば、0から15までのコードは表3.2のようになります。なおバイナリ表現($b_1 b_2 \cdots b_{l-2} b_{l-1}$)とグレイ表現($g_1 g_2 \cdots g_{l-2} g_{l-1}$)は一般に次のように変換されます。

バイナリ表現⇒グレイ表現

$$g_k = \begin{cases} b_{l-1} & k = l-1 \text{ のとき} \\ b_{k+1} \oplus b_k & k \leq l-2 \text{ のとき} \end{cases} \tag{3.1}$$

グレイ表現⇒バイナリ表現

$$b_k = \sum_{i=k}^{l-1} g_i \,(\mathrm{mod}\, 2) \quad k = 0, 1, \cdots, l-1 \tag{3.2}$$

ただし、$\oplus$は排他的論理和です。

3.3 遺伝子型と表現型のコーディング

表 3.2 バイナリ表現とグレイ表現

10 進数表示	バイナリ表現 ($b_1b_2b_3b_4$)	グレイ表現 ($g_1g_2g_3g_4$)
0	0000	0000
1	1000	1000
2	0100	1100
3	1100	0100
4	0010	0110
5	1010	1110
6	0110	1010
7	1110	0010
8	0001	0011
9	1001	1011
10	0101	1111
11	1101	0111
12	0011	0101
13	1011	1101
14	0111	1001
15	1111	0001

さまざまな関数において、バイナリ表現とグレイ表現の二つのコーディング方法で進化計算の探索を実験してみましょう。図 3.15 と図 3.16 は同じ関数に対してのバイナリ表現とグレイ表現による GA の実行の様子です。

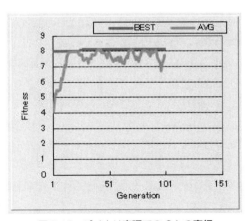

図 3.15 バイナリ表現での GA の実行

第3章 GAを使ってみよう

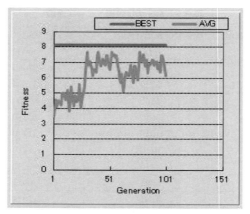

図 3.16　グレイ表現での GA の実行

　さてこれらの成績を比べてみてください。どちらの成績がよいでしょうか？またその理由は何でしょうか？

　一般には、グレイ表現の方がバイナリ表現よりも成績がよいとされています。その理由は以下のようになります。

　バイナリコーディングの場合、10 進表記で隣り合っている値のハミング距離が 1 にならない並びがあります。たとえば、3 は 011 であるのに 4 は 100 となっています。ここで、適合度関数が $x=3$ で最高値あり、$x=4$ でも成績がかなりよいとしましょう。このような仮定は適合度関数のなめらかさを考えると妥当でしょう。そして GA の探索の途中で集団中の個体が $x=4$ に集まってきたとします。つまり探索がある程度うまくいって、ほどよい成績の $x=4$ まで見いだしたとします。このときバイナリコーディングでは、$x=4$ にいる個体の突然変異で 3（最適な位置）を見つけるのは難しくなります。突然変異が 3 カ所で同時に起こる必要があるからです。この現象はハミングクリフと呼ばれています。

　一方、グレイ表現では隣り合う数が 1 ビットしか異ならないので、突然変異で近くの値を見つけることは容易です。つまり、グレイ表現を用いると突然変異に局所的探索の役割を担わせることがある程度可能なのです。

3.4 選択の方法

「GA Parameter」の「Selection Method」コンボボックスでは GA の選択方法を指定できます。GA では、基本的には適合度の大きい（よい）ものほど、より多産であるように親の候補を選ばなくてはなりません。これにはいくつかの実現方法があります。主なものとして、以下の二つの方法が実装されています。

1. ルーレット戦略「Roulette」

適合度に比例した割合で選択する方法です。一番単純な実現法は重み付けのルーレットによるものです。これは適合度に比例した領域を持つルーレットを回し、ルーレットの玉が入った領域の個体を選び出すことで行います。たとえば、

$$f_1 = 1.0$$
$$f_2 = 2.0$$
$$f_3 = 0.5$$
$$f_4 = 3.0$$
$$f_5 = 3.5$$

という場合を考えましょう。このとき重み付けのルーレットでの選択を次のように実現します。

$$f_1 + f_2 + \cdots + f_5 = 10.0 \tag{3.3}$$

であるので、0 から 10 までの乱数を一様に発生します。そして、次の規則に従って選択します。

乱数の値が $0.0 \sim 1.0$ $\Rightarrow$ f_1 の個体を選択する。
乱数の値が $1.0 \sim 3.0$ $\Rightarrow$ f_2 の個体を選択する。
乱数の値が $3.0 \sim 3.5$ $\Rightarrow$ f_3 の個体を選択する。
乱数の値が $3.5 \sim 6.5$ $\Rightarrow$ f_4 の個体を選択する。
乱数の値が $6.5 \sim 10.0$ $\Rightarrow$ f_5 の個体を選択する。

第3章 GAを使ってみよう

たとえば、乱数が、

$$1.3 \quad 5.5 \quad 8.5 \quad 4.5 \quad 7.5 \tag{3.4}$$

と出たとすると、

$$f_2 \quad f_4 \quad f_5 \quad f_4 \quad f_5 \tag{3.5}$$

という個体が選ばれます。この方式で集団数（n個体）分を選び出すのがルーレット戦略です。ルーレット戦略を形式的に記述してみましょう。

$$f_1 \quad f_2 \quad \cdots \quad f_n \tag{3.6}$$

の n 個の個体と各々の適合度が与えられたとき、i 番目の個体が選択される確率 p_i は、

$$p_i = \frac{f_i}{\sum f_i} \tag{3.7}$$

となります。したがって i 番目の個体が生む子供の数の期待値は、

$$np_i = \frac{nf_i}{\sum f_i} = \frac{f_i}{\dfrac{\sum f_i}{n}} = \frac{f_i}{f_{\mathrm{avg}}} \tag{3.8}$$

となります。ここで f_{avg} は平均適合度 $f_{\mathrm{avg}} = \Sigma f_i/n$ です。特に平均的な集団のメンバーは、

$$np_{\mathrm{avg}} = \frac{f_{\mathrm{avg}}}{f_{\mathrm{avg}}} = 1 \tag{3.9}$$

となり、次世代に平均 1 個体を再生します。

2. トーナメント戦略「Tournament」

これは集団の中からある個体数(S_tとする)をランダムに選び出してその中で一番よいものを(トーナメント戦略で)選択します。この過程を集団数が得られるまで繰り返すというものです。先の例を再び使いましょう。

$f_1 = 1.0$
$f_2 = 2.0$
$f_3 = 0.5$
$f_4 = 3.0$
$f_5 = 3.5$

S_tとして3を採用します。このとき5回のトーナメントで選ばれた個体が各々次のようになったとしましょう。

1回目のトーナメント　$f_1 f_2 f_3$
2回目のトーナメント　$f_3 f_4 f_1$
3回目のトーナメント　$f_1 f_5 f_2$
4回目のトーナメント　$f_2 f_4 f_1$
5回目のトーナメント　$f_5 f_2 f_4$

このとき各トーナメントの勝者は各々、f_2, f_4, f_5, f_4, f_5となりこれらの個体が選択されます。この方式はトーナメントサイズ(S_t)の値でさまざまなバリエーションがあります。

なお比較のために適合度を無視してまったくランダムに親候補を選ぶ戦略(Random)も実装されています。

以上の選択方法では親の候補はあくまで確率的に選ばれるので、最良個体が次の世代に残されるとは限りません。選択で親の候補として残ったとしても、それらに突然変異や交叉が施されることもあります。したがって、世代を経るにつれ必ずしも成績が上がるわけではありません。

これに対して各世代で最良個体(あるいは成績上位の数個体)を必ず次世代に残す方法があります。これをエリート戦略(elite strategy)と呼んでいます。このエリートには交叉も突然変異も適用されず、単にコピーされるだけです。したがって、適合度関数が同じであれば、前の世代での成績が次の世代で

も最低限保証されるのです。シミュレータでは残すべき成績上位個体の割合を指定できるようになっています。「Elite」に 0 を指定するとエリート戦略を行いません。このときには各世代の最良個体が単調増加しないことを確認してください（図 3.17）。

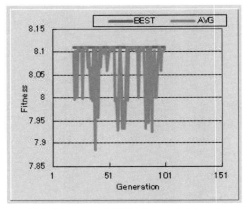

図 3.17　エリート戦略をしないときの GA

以上をまとめると、GA での世代交代は図 3.18 のようになります。図で G がエリート率（コピーして残す成績上位個体の割合）です。

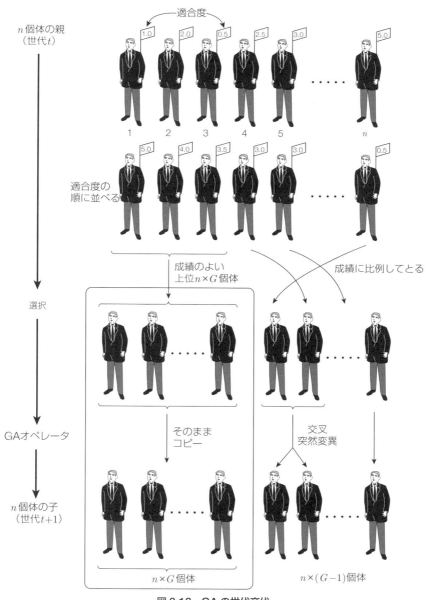

図 3.18 GA の世代交代

3.5 GAを使うためのパラメータ

「GA Parameter」では進化計算の主要なパラメータが設定できます（図3.19）。これらをまとめておきましょう。

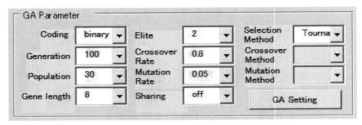

図3.19 GAパラメータの設定

- Coding：コーディング方法（「binary」か「gray」（「real」については後に説明））
- Generation：最大世代数
- Population：集団サイズ、集団数
- Gene length：遺伝子長（この長さに応じてコーディングするビット長が決まる）
- Elite：エリート戦略で残す個体数（0のときはエリートを残さないことになる）
- Crossover Rate：交叉率（通常、交叉を行うかはランダムに決定される。これはその確率を設定する）
- Mutation Rate：突然変異率（染色体中のビットを突然変異させる確率を指定する）
- Sharing：棲み分け機能（後に説明）を使用する場合は「on」
- Selection Method：選択方法としては、ルーレット戦略（Roulette）、トーナメント戦略（Tournament）、ランダム（Random）がある

「Crossover Method」と「Mutation Method」は実数値GA（real GA）の場合に指定します。これについては後に説明します。

3.5 GA を使うためのパラメータ

なお、「GA Setting」ボタンをクリックするとこれらの項目をより詳細に指定することができます（図 3.20）。特に、

- トーナメント戦略のときのトーナメントサイズ
- 「Sharing」に用いる割り当て関数の σ_{share}

はこのウィンドウで指定します。

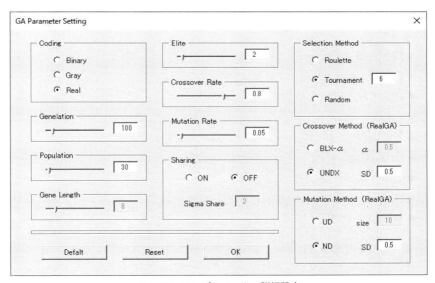

図 3.20　GA パラメータの詳細設定

3.6 GA の詳細を見てみよう

　以上で GA の基本的な説明は終わりました。ではこれまでのまとめと復習をかねて、GA の動作の詳細を確認してみましょう。そのために「Step」と「Report」というコマンドが用意されています。

　GA-2D シミュレータのマクロを実行してください。このとき次の初期設定にしてみてください（図 3.21）。

- 関数定義：$F(x) = 8 - 2*\mathrm{abs}(x-4)$
- 定義域：$0 \leqq x < 8$
- 探索方法：GA
- Coding：binary
- Population：10
- Gene length：6
- Elite：2
- Sharing：off
- Selection Method：Roulette

これは GA の振る舞いをよりよく観測するための設定になっています。

　ここで「Step」ボタンをクリックしてください。すると「Step Command」ウィンドウが開きます（図 3.22）。ここでは、何世代かごとに実行を中断し、詳しい情報を観察したり、パラメータを変更することができます。各項目の意味は次の通りです。

3.6 GAの詳細を見てみよう

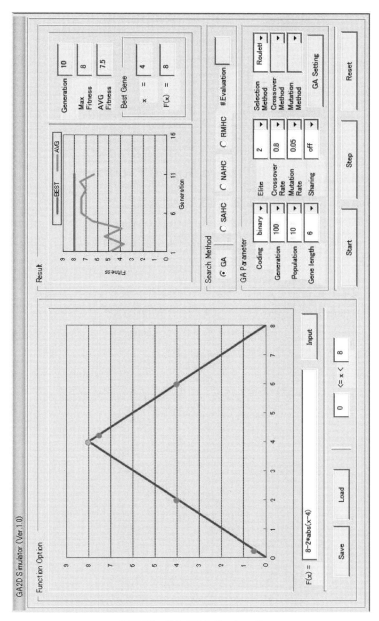

図3.21 GA-2Dシミュレータ

第3章 GAを使ってみよう

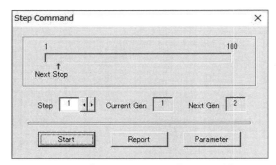

図 3.22 「Step Command」ウィンドウ

- Step：何世代ごとに実行を中断するかを指定
- Current Gen：現在の世代数
- Next Gen：次に中断する世代数を示し、「Current Gen」＋「Step」の値となる

　適当にこの値を設定して、「Start」ボタンをクリックしてください。すると指定された世代（Next Gen）で実行が中断するはずです。「Start」ボタンが「Continue」ボタンに変わります。この「Continue」ボタンをクリックし続けることで、設定した世代数ずつ実行することができます。中断したときに「Parameter」ボタンをクリックすると、パラメータの設定画面が出てきます（図 3.23）。このウィンドウでパラメータの確認や変更ができます。

3.6 GAの詳細を見てみよう

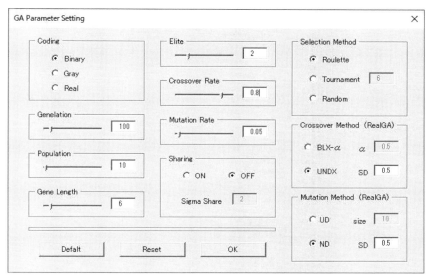

図3.23 GAパラメータの設定

さて、中断したときに「Report」ボタンをクリックしてください。このとき図3.24のような「Population Report」ウィンドウが開いて、集団の詳細を見ることができます。ここでは親と子の世代の遺伝子と最大適合度と平均適合度を表示しています。遺伝子の情報は、

- No.：遺伝子の番号
- GTYPE：遺伝子型
- Raw Fitness：$F(x)$ から計算される適合度
- GA operations：子の遺伝子がどのようにして生成されたか
    Elite：エリート個体としてそのままコピーされた（親の番号を表示）
    Crossover：一点交叉により生成された（親の2個体の番号と交叉点を表示）
    Mutation：突然変異によって生成された（親の個体番号と変異点を表示）
    Survival：エリートではないが交叉も突然変異も適用されずそのままコピーされた（親の番号を表示）

第3章 GAを使ってみよう

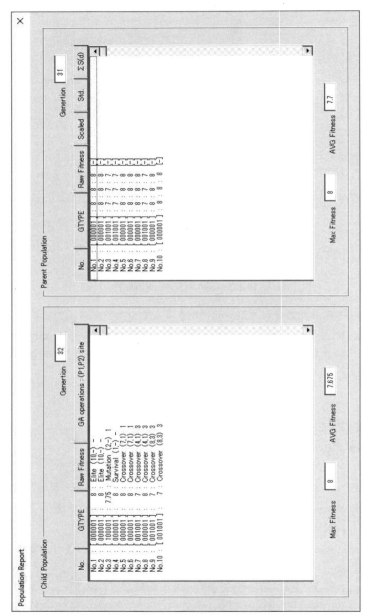

図3.24 「Population Report」ウィンドウ

からなっています（他の欄、Scaled, Std., Σ S(d) については後で説明します）。たとえば、上で述べた実行（84 頁の設定）では次のようになっていました。

親の集団

```
No.    : GTYPE      : Raw Fitness
-------------------------------------
No.1   : [ 001001 ] : 7
No.2   : [ 101101 ] : 4.75
No.3   : [ 010011 ] : 3.5
No.4   : [ 000110 ] : 6
No.5   : [ 001100 ] : 3
No.6   : [ 011100 ] : 3.5
No.7   : [ 110100 ] : 2.75
No.8   : [ 001111 ] : 1
No.9   : [ 010010 ] : 4.5
No.10  : [ 001100 ] : 3
```

子の集団

```
NO.    : GTYPE      : Raw Fitness : GA Operations
---------------------------------------------------------
No.1   : [ 001001 ] :    7        : Elite     (1, -)  -
No.2   : [ 000110 ] :    6        : Elite     (4, -)  -
No.3   : [ 001111 ] :    1        : Crossover (1, 8)  2
No.4   : [ 001001 ] :    7        : Crossover (1, 8)  2
No.5   : [ 010100 ] :    2.5      : Crossover (3, 6)  3
No.6   : [ 011011 ] :    2.5      : Crossover (3, 6)  3
No.7   : [ 000011 ] :    4        : Crossover (5, 3)  2
No.8   : [ 011100 ] :    3.5      : Crossover (5, 3)  2
No.9   : [ 000110 ] :    6        : Survival  (4, -)  -
No.10  : [ 001101 ] :    5        : Mutation  (1, -)  4
```

GTYPE が 6 ビットのバイナリ表現で、定義域が $0 \leq x < 8$ となっていたことを思い出してください。つまり 1 ビット増えるごとに $\Delta x = (8.0 - 0.0)/2^6 = 0.125$ だけ PTYPE が増えるように変換します。たとえば、子の No.1 の GTYPE は 001001 ですが、この PTYPE は、

$$0.0 + \Delta x \times (2^2 + 2^5) = 4.5 \tag{3.10}$$

となります（右のビットが MSB となっています）。そのため適合度は、

$$F(4.5) = 8 - 2 \times \mathrm{abs}(4.5 - 4) = 7.0 \tag{3.11}$$

となります。

　子供の No.1 と No.2 はそれぞれ親の No.1 と No.4 のコピーです。交叉によって生成された個体を見てみましょう。たとえば、子供の No.5 と No.6 は親の No.3 と No.6 の交叉により生成されています。その交叉点は 3 です。

```
No.3  :    010 011
No.6  :    011 100
      ↓  交叉
No.5  :    010 100
No.6  :    011 011
```

ここでは交叉点にブランクを入れています。

　また子供の No.10 は、No.1 の親の遺伝子に対して、4 番目の遺伝子座に突然変異が起こったことを示しています。

```
No.1  :    001001
      ↓  突然変異
No.10 :    001101
              ^
```

ここでは突然変異点に ^ を入れています。交叉の後に突然変異が起こる場合もあることに注意してください。

　子供の No.9 は親の No.4 のコピーです。この個体には交叉も突然変異も適用されず、そのままコピーされています。

　このような振る舞いの詳細は、「Population Report」ウィンドウにおいて子供の遺伝子をダブルクリックすると開く「Detail」ウィンドウで情報を見ることができます（図 3.25）。

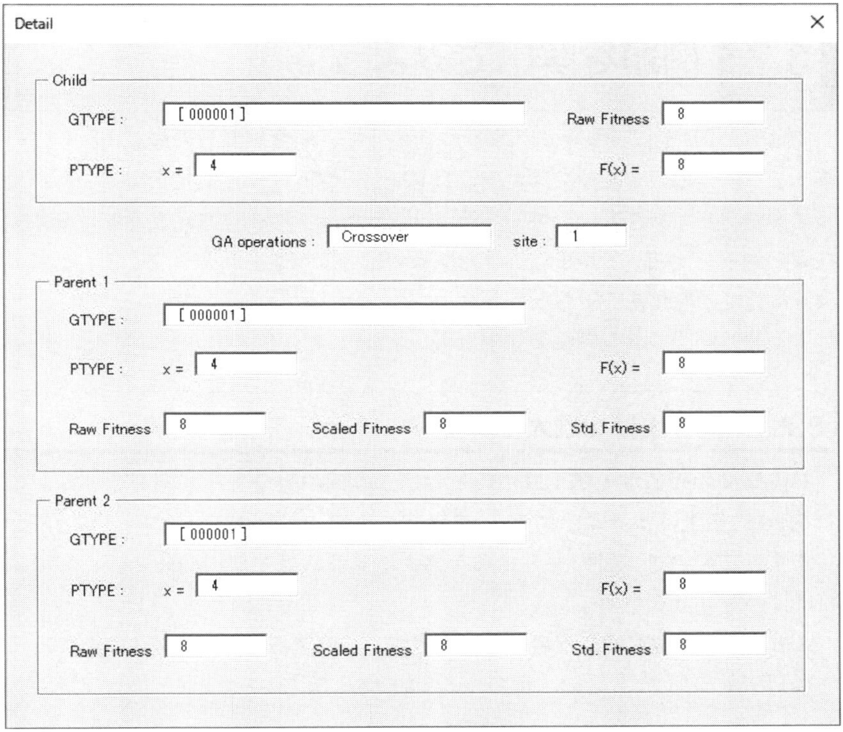

図 3.25 遺伝子の詳細情報

いろいろな関数で GA の振る舞いを観察してください。

3.7 例題を解いてみよう

ではGA-2Dシミュレータのマクロを使って、一変数関数の最適化をしてみましょう。このとき関数（適合度ランドスケープ）や初期設定をいろいろと変えて実験をしてください。特に「Search Method」を山登り法とGAに変えて探索の効率を比較してみましょう。関数の適合度ランドスケープによってどのように性能は変化するでしょうか？

以下ではいくつかの例題を見てみましょう。

3.7.1 売り上げを最大化する

ある商品の売値が1個120円のときは500個の売り上げがありますが、これを10円値上げするごとに1日22個ずつ売り上げが減るとわかっているとします。このとき1日の売上金額を最大にするには1個の値段をいくらにすればよいでしょうか？

この問題は、最も簡単な最適化の例です。これをGAで解いてみましょう。

$10x$円値上げしたときの1日の売上金額$F(x)$は、

$$F(x) = (120 + 10*x)*(500 - 22*x) \tag{3.12}$$

となります。

この関数を$0 \leq x < 10$の範囲でGAシミュレータを用いて最適化してみます（図3.26）。すると何度かの実行を繰り返すと、$x = 5.35$程度の値で最大値がほぼ66 300になることがわかります。当然ながらxは整数をとるので$x = 5$が最適で、売値は170円となります。

第3章 GAを使ってみよう

数学が得意な人なら、この問題にGAを使う必要はないかもしれません。実際、

$$F(x) = 20\left\{-11\left(x - \frac{59}{11}\right)^2 + 3000 + \frac{59^2}{11}\right\} \tag{3.13}$$

となるため最大値を与えるのは $x = 59/11$ であり、x が整数値であることから $x = 5$ が最適となります。ただし GA では、目的とする関数の形状がわかれば、直ちに実行が可能で答えが得られます。

さらにより実際的な次の問題を考えましょう。

> 「ある商品の売値が 1 個 120 円のときは約 500 個の売り上げがありますが、これを 10 円値上げするごとに 1 日 22 個ほど売り上げが減るとわかっているとします。このとき 1 日の売上金額を最大にするには 1 個の値段をいくらにすればよいでしょうか?」

つまりはっきりと個数がわかっていない場合です。このとき、繰り返しデータをとることにより、売り上げ個数は正規分布に従い、その分散は約 2 であることがわかったとします。すると、

$$F(x) = (120 + 10 * x) * \text{gauss}(500 - 22 * x, 2) \tag{3.14}$$

などとなります。この関数には乱数(より正確には正規分布に従う確率変数)が含まれているので、微分を行って最適値を求めることは容易にはできません。

この関数を $0 \leq x < 10$ の範囲で GA シミュレータを用いて最適化してみてください。何度かの実行を繰り返すと、やはり $x = 5$ 程度の値が最適になることがわかるでしょう(図 3.27)。

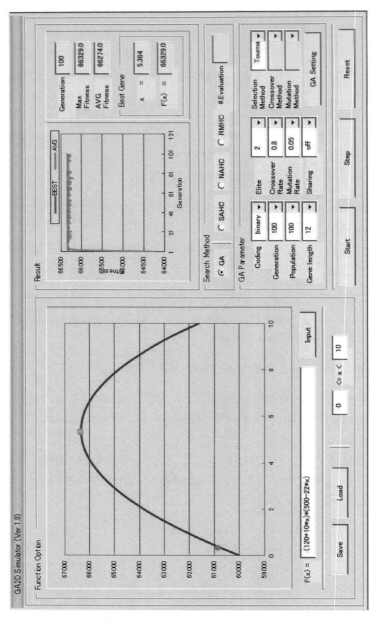

図 3.26　GA による最適化（その 1）

3.7 例題を解いてみよう

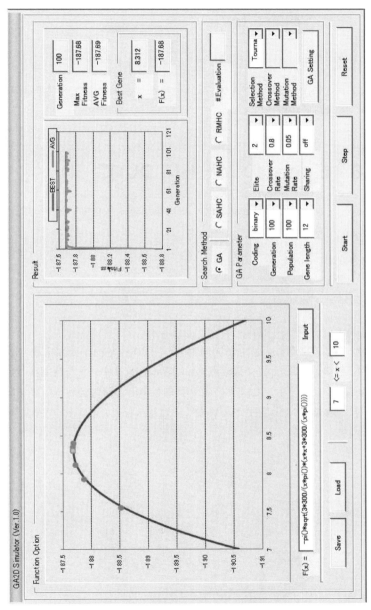

図 3.30 GA による最適化(その 2)

なおこの関数の最適値を与える条件は、

$$\frac{l}{r} = \sqrt{3} \tag{3.22}$$

であることがわかっています。GA で実行を繰り返すことで、実験的にこの条件を満たす最適値が得られました。

3.8 Excel のシートについて

　GA シミュレータでは Excel のセルに情報が表示されています。たとえば GA-2D マクロの実行では、

- 適合度関数の座標値（図 3.31）
- GA のパラメータ（図 3.32）
- 実行結果（図 3.33）

が記録されています。

　図 3.31 では、探索すべき関数の座標値が「<2D>」の x, y 座標にあり、また GA の各個体の座標値が「<探索点>」に表示されます。また各個体の適合度は「Fitness」に示されています。より詳細な集団の情報は実行結果を保持するシート（図 3.33）に記述されています。これらを用いてグラフや統計処理を行うことができます。

3.8 Excel のシートについて

<探索点>

平面 x	平面 y
27.94922	243.0008
27.94922	243.0008
27.94922	243.0008
20.27344	9.067005
27.94922	243.0008
27.30469	190.8507
28.00781	242.8666
24.31641	-150.468
27.77344	238.1622
27.07031	152.2842
28.00781	242.8666
27.71484	234.8633
27.94922	243.0008
24.31641	-150.468
23.55469	-64.6776
27.24609	181.9702
24.02344	-122.399
27.89063	242.2507
27.77344	238.1622
24.19922	-140.293
20.50781	25.75586
28.00781	242.8666
27.94922	243.0008
24.25781	-145.574
27.83203	240.6317
28.00781	242.8666
28.06641	241.8357

<2D>

x	y	Fitness
15	-1.34742	431.663
15.15	-0.15964	431.663
15.3	0.887544	431.663
15.45	1.728416	197.7292
15.6	2.297025	431.663
15.75	2.52977	379.513
15.9	2.36812	431.5289
16.05	1.761357	38.19435
16.2	0.669251	426.8244
16.35	-0.93545	340.9465
16.5	-3.06477	431.5289
16.65	-5.71368	423.5255
16.8	-8.8587	431.663
16.95	-12.457	38.19435
17.1	-16.4462	123.9847
17.25	-20.7446	370.6324
17.4	-25.2526	66.26306
17.55	-29.854	430.9129
17.7	-34.4186	426.8244
17.85	-38.8054	48.36894
18	-42.866	214.4181
18.15	-46.4487	431.5289
18.3	-49.4029	431.663
18.45	-51.5842	43.08834
18.6	-52.859	429.294
18.75	-53.1093	431.5289
18.9	-52.2376	430.498

図 3.31 適合度関数の座標値

Coding	Generatio	Populatio	Length
binary	100	100	8
binary	1	1	4
gray	5	10	6
real	10	30	8
	50	50	12
	100	100	50

Elite	Crossove	Mutation	Selection
2	0.8	0.05	Roulette
1	0.65	0.01	Roulette
2	0.7	0.05	Tournament
5	0.8	0.1	Random
10	0.9	0.5	
0	0	0	

Crossove	Mutation	Sharing	Trn
UNDX	ND	off	6
BLX-α	UD	on	
UNDX	ND	off	

α	size	sigma
0.5	10	2
SD	SD	
0.5	0.5	

	Search M		Evaluation Time	
1		1		
0	GA	1	200	AVG
		1		

x		Xmin	Xmax
28.00781		15	30
y	Function	Ymin	Ymax
243	-(x-12)*(x	-188.662	242.4295

Function 1

Generatio	Max	AVG
100	243.001	103.392
F(x,y)	x	
243.001	27.949	

Now	Step	Next
100	10	100
14.34375	8.109434	
X_max	Y_max	
28	243	

図 3.32 GA のパラメータ

第 3 章 GA を使ってみよう

子世代										
Ptype(x)	100	Ptype(y)	0							
個体番号	Ptype(x)	y=F(x)	Gtype	Fitness	出現方法	親1	親2	占	突然変異	リスト表示
1	27.949	243.001	[1,0,1,1,1,0,1,1]	243.001	Elite	1.00	–	–	–	No.1 : [1,0,1,1,1,0,1,1] : 243.001 : Elite : (1.00, –) : –
2	27.949	243.001	[1,0,1,1,1,0,1,1]	243.001	Elite	1.00	–	–	–	No.2 : [1,0,1,1,1,0,1,1] : 243.001 : Elite : (1.00, –) : –
3	27.891	242.251	[0,0,1,1,1,0,1,1]	242.251	Crossover	74	52	7	–	No.3 : [0,0,1,1,1,0,1,1] : 242.251 : Crossover : (74,52) : 7
4	27.773	238.162	[0,1,0,1,1,0,1,1]	238.162	Crossover	74	52	7	–	No.4 : [0,1,0,1,1,0,1,1] : 238.162 : Crossover : (74,52) : 7
5	27.715	234.863	[1,0,0,1,1,0,1,1]	234.863	Survival	39	–	–	–	No.5 : [1,0,0,1,1,0,1,1] : 234.863 : Survival : (39, –) : –
6	24.141	–134.652	[0,0,1,1,0,0,1]	–134.652	Survival	91	–	–	–	No.6 : [0,0,1,1,0,0,1] : –134.652 : Survival : (91, –) : –
7	20.508	25.756	[0,1,1,1,0,1,0]	25.756	Crossover	18	43	3	–	No.7 : [0,1,1,1,0,1,0] : 25.756 : Crossover : (18,43) : 3
8	16.582	–4.45	[1,1,0,1,0,0,0]	–4.45	Crossover	18	43	3	–	No.8 : [1,1,0,1,0,0,0] : –4.45 : Crossover : (18,43) : 3
9	26.016	–60.255	[0,0,1,1,1,1,0,1]	–60.255	Crossover & Mutation	53	88	2	6	No.9 : [0,0,1,1,1,1,0,1] : –60.255 : Crossover & Mutation : (53,88) : 2
10	27.832	240.632	[1,1,0,1,1,0,1,1]	240.632	Crossover	53	88	2	–	No.10 : [1,1,0,1,1,0,1,1] : 240.632 : Crossover : (53,88) : 2
11	27.949	243.001	[1,0,1,1,1,0,1,1]	243.001	Crossover	73	15	3	–	No.11 : [1,0,1,1,1,0,1,1] : 243.001 : Crossover : (73,15) : 3
12	24.199	–140.293	[1,0,1,1,1,0,0,1]	–140.293	Crossover	73	15	3	–	No.12 : [1,0,1,1,1,0,0,1] : –140.293 : Crossover : (73,15) : 3
13	27.832	240.632	[1,1,0,1,1,0,1,1]	240.632	Survival	3	–	–	–	No.13 : [1,1,0,1,1,0,1,1] : 240.632 : Survival : (3, –) : –
14	22.324	67.093	[1,0,1,1,1,1,1,0]	67.093	Mutation	85	–	–	6	No.14 : [1,0,1,1,1,1,1,0] : 67.093 : Mutation : (85, –) : 6
15	27.949	243.001	[1,0,1,1,1,0,1,1]	243.001	Survival	1	–	–	–	No.15 : [1,0,1,1,1,0,1,1] : 243.001 : Survival : (1, –) : –
16	27.949	243.001	[1,0,1,1,1,0,1,1]	243.001	Survival	38	–	–	–	No.16 : [1,0,1,1,1,0,1,1] : 243.001 : Survival : (38, –) : –
17	27.891	242.251	[0,0,1,1,1,0,1,1]	242.251	Crossover	84	22	5	–	No.17 : [0,0,1,1,1,0,1,1] : 242.251 : Crossover : (84,22) : 5
18	28.008	242.867	[0,1,1,1,1,0,1,1]	242.867	Crossover	84	22	5	–	No.18 : [0,1,1,1,1,0,1,1] : 242.867 : Crossover : (84,22) : 5
19	16.641	–5.533	[0,0,1,1,1,0,0,0]	–5.533	Survival	68	–	–	–	No.19 : [0,0,1,1,1,0,0,0] : –5.533 : Survival : (68, –) : –
20	27.949	243.001	[1,0,1,1,1,0,1,1]	243.001	Survival	15	–	–	–	No.20 : [1,0,1,1,1,0,1,1] : 243.001 : Survival : (15, –) : –
21	27.949	243.001	[1,0,1,1,1,0,1,1]	243.001	Crossover	57	31	1	–	No.21 : [1,0,1,1,1,0,1,1] : 243.001 : Crossover : (57,31) : 1
22	27.949	243.001	[1,1,0,1,1,1,1]	243.001	Crossover	57	31	1	–	No.22 : [1,1,0,1,1,1,1] : 243.001 : Crossover : (57,31) : 1
23	29.707	–99.989	[1,1,0,1,1,1,1,1]	–99.989	Mutation	58	–	–	6	No.23 : [1,1,0,1,1,1,1,1] : –99.989 : Mutation : (58, –) : 6
24	28.008	242.867	[0,1,1,1,1,0,1,1]	242.867	Survival	59	–	–	–	No.24 : [0,1,1,1,1,0,1,1] : 242.867 : Survival : (59, –) : –
25	27.949	243.001	[1,0,1,1,1,0,1,1]	243.001	Crossover	15	27	7	–	No.25 : [1,0,1,1,1,0,1,1] : 243.001 : Crossover : (15,27) : 7
26	24.316	–150.468	[1,1,1,1,1,0,0,1]	–150.468	Crossover	15	27	7	–	No.26 : [1,1,1,1,1,0,0,1] : –150.468 : Crossover : (15,27) : 7
27	27.949	243.001	[1,0,1,1,1,0,1,1]	243.001	Survival	38	–	–	–	No.27 : [1,0,1,1,1,0,1,1] : 243.001 : Survival : (38, –) : –
28	27.891	242.251	[0,0,1,1,1,0,1,1]	242.251	Survival	69	–	–	–	No.28 : [0,0,1,1,1,0,1,1] : 242.251 : Survival : (69, –) : –

図 3.33　実行結果

第4章

GAを
より複雑な問題に
適用しよう

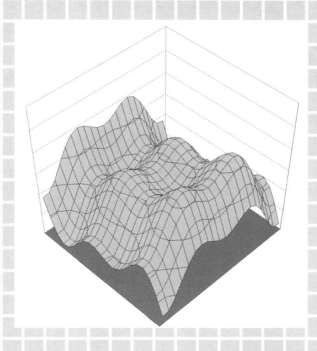

第4章 GAをより複雑な問題に適用しよう

4.1 2次元空間のランドスケープと遺伝子型

本章では、2変数関数の最適化の実験をしてみましょう。

GA-3Dシミュレータのマクロを実行してください（GA3D.xlsm、図4.1）。このシミュレータの操作方法は、前節で説明したGA-2Dシミュレータとほとんど同じです。探索の結果が3次元空間で表示されるので、最適化の過程をより視覚的に理解しやすいでしょう。前述のように、この探索空間の画面（適合度ランドスケープ）はいろいろな視点から観測できます。したがって、この機能を使うと、探索点がどのように山を登っていくのかを確認できるでしょう。図4.2にはランドスケープをGAの個体が登っていく過程を示しています。これは、

$$F(x,y) = \frac{1}{5x^2 + 5y^2 + 0.7} \tag{4.1}$$

というランドスケープに対して、パラメータを変更せずにGAの探索を実行したものです。

それぞれ、(a) ランダムに生成された初期世代、(b) 第2世代、(c) 第12世代、(d) 第18世代、(e) 第50世代の個体を表示しています。世代が進むにつれ集団が山を登っていくのがわかります。(f) はこの探索の際の適合度の推移（世代ごとの表示）です。

4.1 2次元空間のランドスケープと遺伝子型

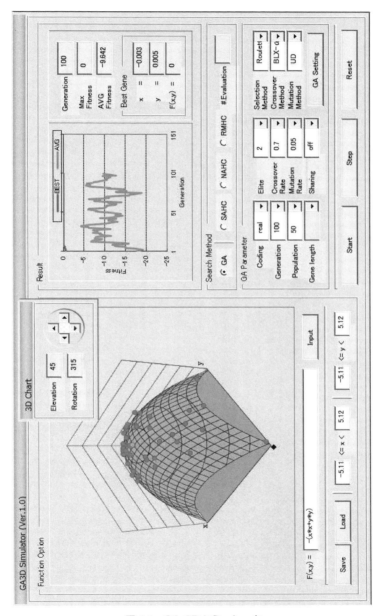

図 4.1 GA-3D シミュレータ

第4章 GAをより複雑な問題に適用しよう

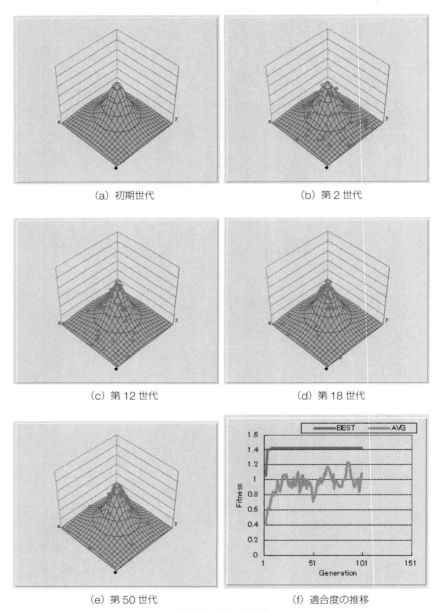

(a) 初期世代　　　　　　　　(b) 第2世代

(c) 第12世代　　　　　　　　(d) 第18世代

(e) 第50世代　　　　　　　　(f) 適合度の推移

図4.2　GAの実行

GA-3D では、ユーザが定義した関数を入力することもできます。その他に、このシミュレータには DeJong の標準関数も定義されています。「Load」ボタンをクリックしてみてください。すると図 4.3 のウィンドウが開きます。この「Load Function」ウィンドウですでに定義されている関数をロードすることができます。

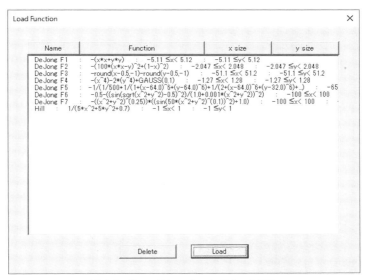

図 4.3 「Load Function」のウィンドウ

　DeJong の標準関数は GA のベンチマーク問題としてしばしば利用されています。この関数は最小値を求めるのが目的です。この関数の定義を定義域や最適値とともに表 4.1 に示します。

第 4 章　GA をより複雑な問題に適用しよう

表 4.1　DeJong の標準関数

関数名	定　義	定義域	最適値
$F1$	$\sum_{i=1}^{3} x_i^2$ 放物面	$-5.11 \leqq x_i < 5.12$	0
$F2$	$100\left(x_1^2 - x_2\right)^2 + \left(1 - x_1\right)^2$ Rosenbrock のサドル	$-2.047 \leqq x_i < 2.048$	0
$F3$	$\sum_{i=1}^{5} [x_i]$ ステップ関数	$-5.11 \leqq x_i < 5.12$	30
$F4$	$\sum_{i=1}^{30} ix_i^4 + \mathrm{GAUSS}(0,1)$ ノイズのある 4 次関数	$-1.27 \leqq x_i < 1.28$	0
$F5$	$\left[\dfrac{1}{500} + \sum_{j=1}^{25} \dfrac{1}{j + \sum_{i=1}^{2}(x_i - a_{ij})^6}\right]^{-1}$ Shekel のきつねの穴（foxholes）	$-65.535 \leqq x_i < 65.536$	約 1

　図 4.4 はこの関数の形状で、x_1-x_2 平面への射影をプロットしています。容易にわかるように $F4$ と $F5$ が他に比べて難しくなっています。$F4$ の +GAUSS(0, 1) は平均 0、分散 1 の正規分布に従う値を加えることを示します。つまり $F4$ にはノイズが各点で含まれています。$F5$ では 5×5 の谷が格子状に並んでいますが、この谷の深さは一定ではありません。最も左下の谷間が最小値（約 1.0）をとり、残りの谷間については左から右へ、下から上へ行くに従ってその極小値が 2, 3, … のように大きくなっています。これらの谷間からはずれると急速に最大値 500 に近づきます。なお a_{ij} の座標は、

```
int a[2][25] = {
  { -64, -32, 0, 32, 64, -64, -32, 0, 32, 64, -64, -32, 0, 32, 64,
    -64, -32, 0, 32, 64, -64, -32, 0, 32, 64 },
  { -64, -64, -64, -64, -64, -32, -32, -32, -32, -32,
     0, 0, 0, 0, 0, 32, 32, 32, 32, 32, 64, 64, 64, 64, 64 }
};
```

となります。

4.1 2次元空間のランドスケープと遺伝子型

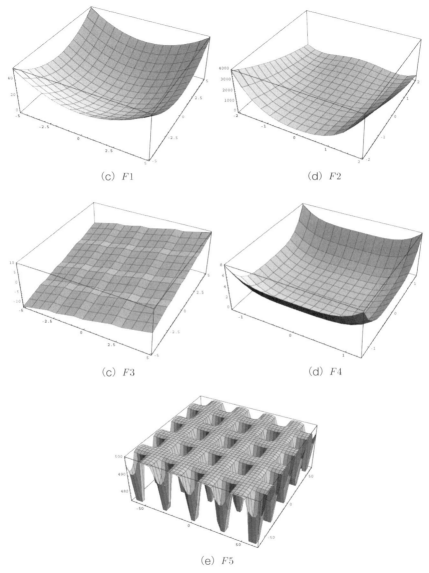

(c) $F1$ (d) $F2$

(c) $F3$ (d) $F4$

(e) $F5$

図 4.4 DeJong の標準関数

第 4 章　GA をより複雑な問題に適用しよう

　DeJong の標準関数の本来の定義は最小値を求めるものです。しかし、GA-3D シミュレータでは符号を反転して最大値を求める問題に置き換えています。また、$F1$, $F3$, $F4$ は 3 変数以上の問題ですが、2 変数の問題になるように式の次元を落として簡略化しています。

　binary coding での GTYPE は、x_1 と x_2 をバイナリ表現して並置したものになります。

　たとえば、$F5$ 関数に対して遺伝子長（Gene length）が 34 である場合を考えましょう。$F5$ の定義域が $-65.535 \leq x_i < 65.536$ であることに注意してください。各変数に 17 ビットを使うので、1 ビットの幅は $\Delta x = (65.536 - (-65.536))/2^{17} = 0.001$ となります。したがって、

　　00000000000000000

が -65.535 であり、1 ビット増えるごとに $\Delta x = 0.001$ だけ PTYPE が増えるように変換します。

　では、GTYPE が、

　　1101100111111101100111100111110011

のような遺伝子型を PTYPE に変換して適合度を求めてみましょう。このためにはまず x_2 を 10 進数に直します。x_2 はバイナリ表現で、

　　00111100111110011

です。右が MSB なので、10 進数では、

$$2^{16} + 2^{15} + 2^{12} + 2^{11} + 2^{10} + 2^9 + 2^8 + 2^5 + 2^4 + 2^3 + 2^2 = 106\,300 \quad (4.2)$$

となります。したがって、x_2 の PTYPE は、

$$-65.535 + 106\,300 \times \Delta x_i = 40.765 \quad (4.3)$$

となります。同様にして x_1 の PTYPE は 49.052 と求まります。この x_1, x_2 に対する $F5$ の関数値は 499.9715 となり、これが上の GTYPE に対する適合度です（表 4.2）。

4.1 2次元空間のランドスケープと遺伝子型

表 4.2 GTYPE と PTYPE

GTYPE	110110011111110110011110011110011
x_1 のバイナリ表現	110110011111110011
x_2 のバイナリ表現	001111001111110011
PTYPE (x_1)	49.052
PTYPE (x_2)	40.765
$F5$ の関数値	499.9715

「Step」と「Report」ボタンをクリックして GA の動作の詳細を確認してみましょう。GA-3D シミュレータのマクロを実行してください。このとき次の初期設定にしてください (図 4.5)。

- 関数定義：$F(x, y) = 32 - (x-4)*(x-4) - (y-4)*(y-4)$
- 定義域：$0 \leq x < 8, 0 \leq y < 8$
- 探索方法：GA
- Coding：binary
- Population：10
- Gene length：6
- Elite：2
- Sharing：off

「Step」ボタンをクリックすると「Step Command」ウィンドウが開きます。適当にこの値を設定して、「Start」もしくは「Continue」ボタンをクリックして実行を中断させます。その後で「Report」ボタンをクリックしてください。このとき図 4.6 のようなウィンドウが開いて、集団の詳細を見ることができます。ここでは親と子の世代の遺伝子と最大適合度と平均適合度を表示しています。

第4章 GAをより複雑な問題に適用しよう

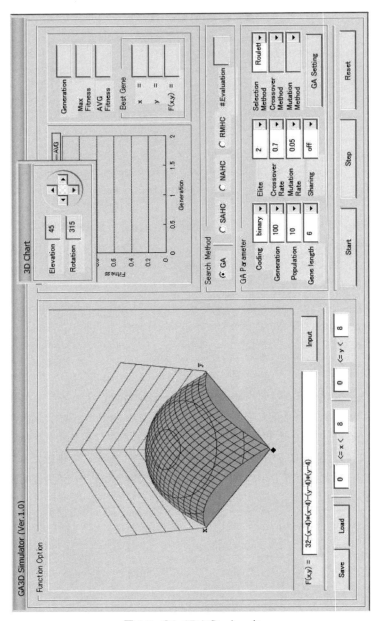

図4.5 GA-3D シミュレータ

4.1 2次元空間のランドスケープと遺伝子型

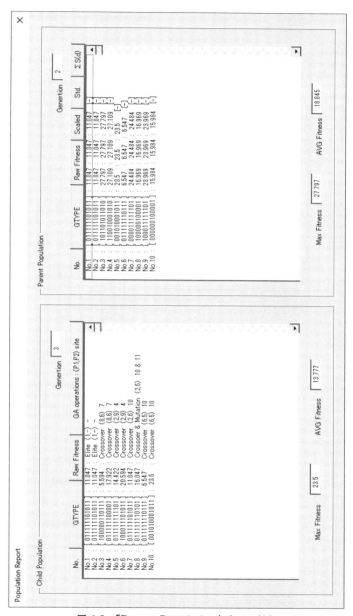

図 4.6 「Report Population」ウィンドウ

第 4 章　GA をより複雑な問題に適用しよう

たとえば、先の例（111 頁の設定）では、以下のようになりました。

親の集団

```
No.   : GTYPE            : Raw Fitness
--------------------------------------------
No.1  : [ 000110001001 ] : 30.75
No.2  : [ 011010110110 ] : 30.047
No.3  : [ 111000001100 ] : 15.984
No.4  : [ 001011001011 ] : 19.5
No.5  : [ 000011100111 ] : 18.234
No.6  : [ 101000100000 ] : 5.594
No.7  : [ 101000100111 ] : 10.844
No.8  : [ 000011100000 ] : 12.984
No.9  : [ 011011001000 ] : 12.188
No.10 : [ 100110110110 ] : 30.844
```

子の集団

```
NO.   : GTYPE            : Raw Fitness : GA operations
----------------------------------------------------------------
No.1  : [ 100110110110 ] : 30.844      : Elite    (10, -)  -
No.2  : [ 000110001001 ] : 30.75       : Elite    (1, -)   -
No.3  : [ 111000001100 ] : 15.984      : Survival (3, -)   -
No.4  : [ 000011100000 ] : 12.984      : Survival (8, -)   -
No.5  : [ 111000001100 ] : 15.984      : Crossover (3, 8)  11
No.6  : [ 000011100000 ] : 12.984      : Crossover (3, 8)  11
No.7  : [ 000011100111 ] : 18.234      : Survival (5, -)   -
No.8  : [ 001011001011 ] : 19.5        : Survival (4, -)   -
No.9  : [ 011011100000 ] : 9.422       : Crossover (2, 8)  4
No.10 : [ 000010110010 ] : 25.359      : Crossoer & Mutation (2, 8)  4 & 10
```

GTYPE が 6 ビットのバイナリ表現で、定義域が $0 \leq x < 8$ かつ $0 \leq y < 8$ となっていたことを思い出してください。つまり、x, y 座標ともに 1 ビット増えるごとに $\Delta x = \Delta y = (8.0 - 0.0)/2^6 = 0.125$ だけ PTYPE が増えるように変換します。たとえば、親の No.1 の GTYPE は 000110001001 ですが、x のための GTYPE が前半の 6 ビット（000110）、y のための GTYPE が後半の 6 ビット（001001）となります。したがってこの PTYPE は、

$$x = 0.0 + \Delta x \times (2^3 + 2^4) = 3.0 \tag{4.4}$$
$$y = 0.0 + \Delta y \times (2^2 + 2^5) = 4.5 \tag{4.5}$$

となります（右のビットが MSB となっています）。そのため適合度は、

$$F(3.0,\ 4.5) = 30.75 \tag{4.6}$$

となります。

　子供の No.1 と No.2 はそれぞれ親の No.10 と No.1 のコピーです。交叉によって生成された個体を見てみましょう。たとえば、子供の No.9 と No.10 は親の No.2 と No.8 の交叉により生成されています。その交叉点は 4 です。さらに、子供の No.10 には交叉の後で 10 番目の遺伝子座に突然変異が起こったことを示しています。

```
No.2  :    0110 10110110
No.8  :    0000 11100000
```
　　↓　**交叉（交叉点は 4）**
```
No.9  :    0110 11100000
No.10 :    0000 10110110
```
　　↓　**突然変異（10 番目の遺伝子座）**
```
No.9  :    0110 11100000
No.10 :    0000 10110010
                    ^
```

ここでは交叉点にブランクを、突然変異点に ^ を入れています。

　また、子供の No.3 は親の No.3 のコピーです。この個体には交叉も突然変異も適用されず、そのままコピーされています。

　このような振る舞いの詳細は、「Population Report」ウィンドウにおいて子供の遺伝子をダブルクリックすると開く「Detail」ウィンドウで情報を見ることができます（図 4.7）。

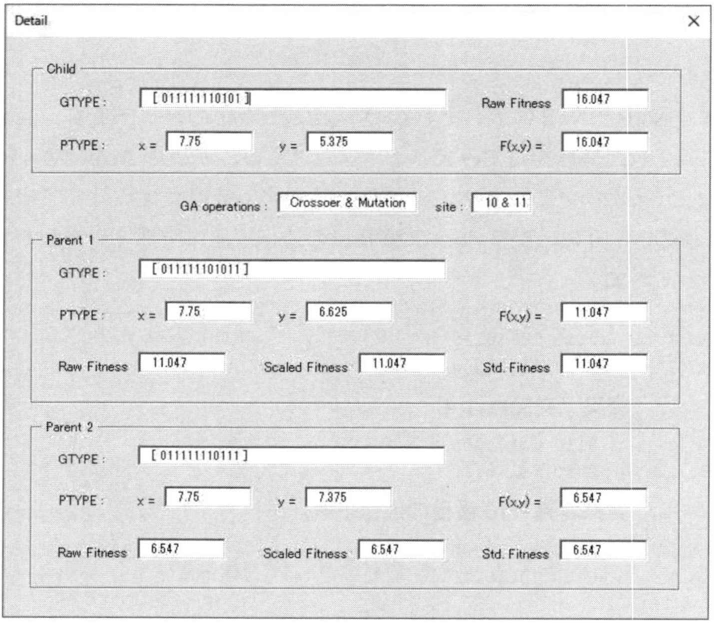

第4章 GAをより複雑な問題に適用しよう

図4.7 遺伝子の詳細表示

いろいろな関数でGAの振る舞いを観察してください。

なおGAシミュレータでは、関数と定義域を保存する機能も用意されています。「Save」ボタンをクリックすると、図4.8の「Save Function」ウィンドウが開きます。ここで名前を付けて「Save」をクリックすると「Load」ボタンによりこの関数を再び使うことができます。ただし定義域や進化計算のパラメータなどは保存されないので注意してください。

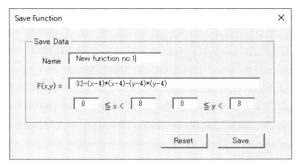

図4.8 「Save Function」ウィンドウ

4.2 実数値GA

　実数値空間のGA探索手法では実数値GA（real GA）というものが知られています。これは「Coding」を「real」に設定すると実行できます。このための特別なパラメータは、「Crossover Rate」と「Mutation Rate」で記述できます（図4.9）。これらを指定してさまざまなランドスケープで実験してみましょう。

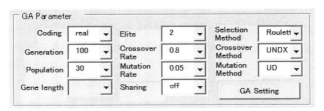

図4.9 実数値GAのオペレータ

　実数値GAは、遺伝子型として実数値（浮動小数）をそのまま使う遺伝的アルゴリズムです。実数値関数を最適化するには、バイナリ表現やグレイ表現よりも効率的なことが知られています。そのアイディアは簡単です。一般に最適化問題（m変数の実数値関数$f(x_1, x_2, \cdots, x_m)$）の遺伝子は次のようになります。

$$x_1, x_2, \cdots, x_m \tag{4.7}$$

つまり、単に m 個の実数値をそのまま並べたものが遺伝子型です。実数値GAでは交叉や突然変異に特殊な工夫が必要となります。

突然変異は次のように定義されます。まず親Pに対して突然変異を適用する座標（x_i）をランダムに決めます。そして x_i を以下で述べるUD法やND法によってランダムな値に変異させます。ただし x_i の定義域を守るように注意します。

(a) Uniform Distribution（UD法）

一様乱数によって突然変異を起こします。手順は次の通りです。選ばれた変数の定義域を [X_MIN, X_MAX] とし、親個体の値を x とします。

まず方向（正か負か）を 1/2 の確率で選びます。

それが正のとき、区間 [x, min($x + M$, X_MAX)] 内から子個体を一様ランダムに選びます。

負のとき、区間 [max(X_MIN, $x - M$), x] 内から子個体を一様ランダムに選びます。

ただし、M はユーザが決める変異のサイズです。

(b) Normal Distribution（ND法）

正規分布によって突然変異を起こします。このとき用いられる正規分布の平均値は x、分散は SD^2 です。ただし親の個体の変数値を x とします。変数の定義域を超えて生成された個体は範囲内に収められます。

交叉では以下で説明する BLX-α や UNDX を各次元ごとに行って、子の個体を生成します。

(a) BLX-α

二つの親個体の座標値を a, b としましょう。このとき子個体を区間 [A, B] から一様乱数で決定します。ここで、

$$A = \min(a, b) - \alpha d$$
$$B = \max(a, b) + \alpha d$$
$$d = |a - b|$$

とします。ただし α はユーザが定義するパラメータです。

(b) UNDX

二つの親個体の座標値を a, b とします。親の中点を $m = (a+b)/2$、差を $d = (a-b)$ とし、二つの親個体を通る直線を l とします。このとき子個体 c を以下の式に従って生成します。

$$c = m + \xi d + D\eta e$$
$$\xi \sim N(0, \sigma_\xi^2) \quad \eta \sim N(0, \sigma_\eta^2) \quad \sigma_\xi = 2 \times \sigma_\eta$$

ただし $N(0, \sigma^2)$ は平均 0、分散 σ^2 の正規分布を表します。e は l に直交する単位ベクトルの座標です。また3番目の親個体を選択し、その個体から l への距離を D とします。なおシミュレータでは σ_ξ を標準偏差 (SD) としてパラメータ設定を行います。SD の経験的な推奨値は 0.5 とされています。

「GA Setting」ボタンをクリックすると、

- BLX-α の α
- UNDX の SD
- UD の size
- ND の SD

などのパラメータを設定できます（図 4.10）。

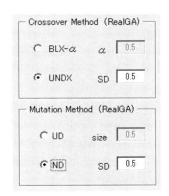

図 4.10　GA オペレータのパラメータ

第4章 GAをより複雑な問題に適用しよう

では「Step」と「Report」ボタンを使って実数値GAの動作の詳細を確認してみましょう。まずGA-2Dシミュレータのマクロを実行してください。先ほどと同じ次の初期設定にしてみてください。

- 関数定義：$F(x) = 8 - 2*\text{abs}(x-4)$
- 定義域：$0 \leq x < 8$
- 探索方法：GA
- Coding：real
- Elite：2
- Sharing：off

ここで「Step」ボタンをクリックしてください。「Step Command」ウィンドウが開きます（図4.11）。適当に「Step」の値を設定して、「Start」もしくは「Continue」ボタンをクリックしてください。すると指定された「Next Gen」で実行が中断するので、「Report」ボタンをクリックしてみてください。このとき図4.12のようなウィンドウが開いて、集団の詳細を見ることができます。ここでは親と子の世代の遺伝子と最大適合度と平均適合度を表示しています。遺伝子の情報は、

- No.：遺伝子の番号
- GTYPE：遺伝子型
- Raw Fitness：$F(x)$ から計算される適合度

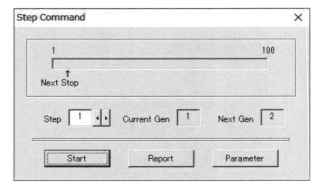

図4.11 「Step Command」ウィンドウ

4.2 実数値GA

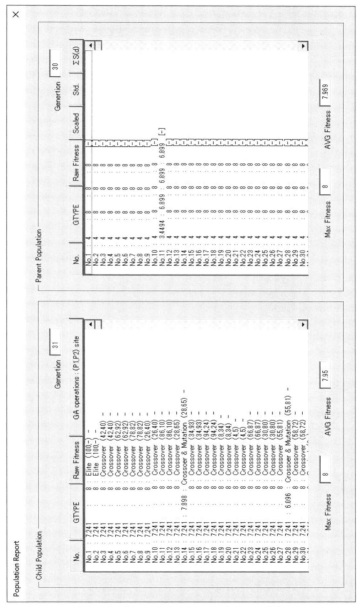

図4.12 「Population Report」ウィンドウ

第4章 GAをより複雑な問題に適用しよう

- GA operations：子の遺伝子がどのようにして生成されたか
  Elite：エリート個体としてそのままコピーされた（親の番号を表示）
  Crossover：一点交叉により生成された（親の2個体を表示）
  Mutation：突然変異によって生成された（親の個体番号を表示）
  Survival：エリートではないが交叉も突然変異も適用されずそのままコピーされた（親の番号を表示）

からなっています。

たとえば、ある実行では次のようになっていました。

親の集団

```
No.    : GTYPE      : Raw Fitness
---------------------------------------
No.1   : ( 7.3852 ) : 1.23
No.2   : ( 3.9424 ) : 7.885
No.3   : ( 5.9188 ) : 4.162
No.4   : ( 0.5458 ) : 1.092
No.5   : ( 0.4963 ) : 0.993
No.6   : ( 4.6501 ) : 6.7
No.7   : ( 1.6725 ) : 3.345
No.8   : ( 5.6537 ) : 4.693
No.9   : ( 2.0652 ) : 4.13
No.10  : ( 7.2657 ) : 1.469
```

子の集団

```
NO.    : GTYPE      : Raw Fitness : GA operations
-----------------------------------------------------------------
No.1   : ( 3.9424 ) : 7.885       : Elite    (2, -)  -
No.2   : ( 4.6501 ) : 6.700       : Elite    (6, -)  -
No.3   : ( 7.9920 ) : 0.016       : Crossover (9, 1)  -
No.4   : ( 6.5382 ) : 2.924       : Crossover (9, 1)  -
No.5   : ( 1.5464 ) : 3.093       : Crossover (5, 2)  -
No.6   : ( 2.9494 ) : 5.899       : Crossover (5, 2)  -
No.7   : ( 4.1228 ) : 7.754       : Crossover (6, 2)  -
No.8   : ( 4.2216 ) : 7.557       : Crossoer & Mutation (6, 2)  -
No.9   : ( 3.9424 ) : 7.885       : Survival (2, -)  -
No.10  : ( 4.6501 ) : 6.700       : Survival (6, -)  -
```

実数値GAなのでGTYPEがそのままPTYPE（x座標）となっています。

子供の No.1 と No.2 はそれぞれ親の No.2 と No.6 のコピーです。

交叉によって生成された個体を見てみましょう。たとえば、子供の No.5 と No.6 は親の No.5 と No.2 の交叉により生成されています。また子供の No.8 は交叉の後で突然変異が起こったことを示しています。このような振る舞いの詳細は「Population Report」ウィンドウにおいて子供の遺伝子をダブルクリックすると「Detail」ウィンドウが開いて情報を見ることができます（図 4.13）。

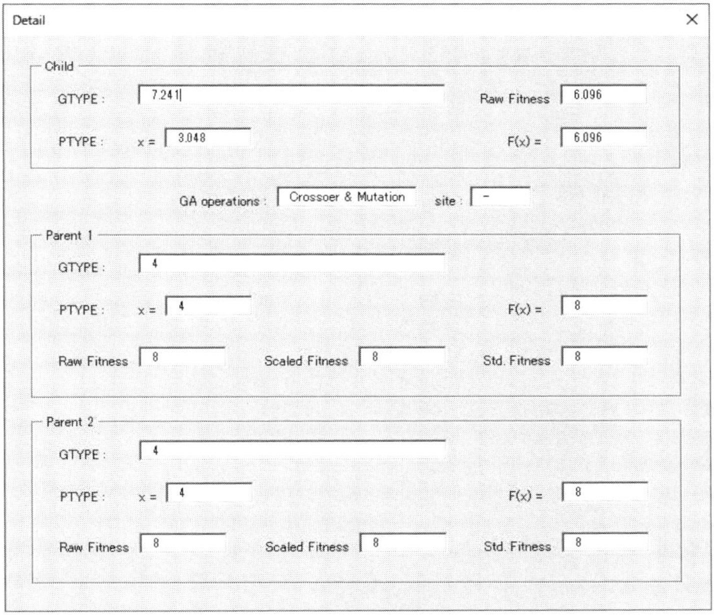

図 4.13　遺伝子の詳細情報

次に、2 変数関数で実数値 GA の動作の詳細を確認してみましょう。GA-3D シミュレータのマクロを実行してください。binary と同じように次の初期設定にしてみてください。

- 関数定義：$F(x) = 32 - (x-4)*(x-4) - (y-4)*(y-4)$
- 定義域：$0 \leq x < 8, 0 \leq y < 8$
- 探索方法：GA
- Coding：real

第4章 GAをより複雑な問題に適用しよう

- Elite：2
- Sharing：off

ここで「Step」ボタンをクリックしてください。「Step Command」ウィンドウが開きます。適当に「Step」の値を設定して、「Start」もしくは「Continue」ボタンをクリックしてください。すると、指定された「Next Gen」で実行が中断するので「Report」ボタンをクリックしてみてください。このとき図4.14のような「Population Report」ウィンドウが開いて、集団の詳細を見ることができます。たとえば、ある実行では次のようになっていました。

親の集団

```
No.    : GTYPE              : Raw Fitness
----------------------------------------------
No.1   : ( 3.0148 , 3.2885 ) : 30.523
No.2   : ( 2.7394 , 4.1707 ) : 30.382
No.3   : ( 0.2333 , 3.8089 ) : 17.775
No.4   : ( 0.48   , 4.4873 ) : 19.372
No.5   : ( 7.4132 , 4.3311 ) : 20.24
No.6   : ( 2.3526 , 4.3843 ) : 29.138
No.7   : ( 2.7394 , 4.1707 ) : 30.382
No.8   : ( 3.0148 , 3.2885 ) : 30.523
No.9   : ( 6.1739 , 4.7462 ) : 26.717
No.10  : ( 7.2121 , 4.8061 ) : 21.032
```

子の集団

```
NO.    : GTYPE              : Raw Fitness : GA operations
------------------------------------------------------------------
No.1   : ( 3.0148 , 3.2885 ) : 30.523      : Elite (8, -)  -
No.2   : ( 3.0148 , 3.2885 ) : 30.523      : Elite (8, -)  -
No.3   : ( 2.9986 , 3.0882 ) : 30.166      : Crossover (1, 7)  -
No.4   : ( 5.4615 , 7.1547 ) : 19.912      : Crossoer & Mutation  (1, 7)  -
No.5   : ( 7.8196 , 4.7945 ) : 16.779      : Mutation (8, -)  -
No.6   : ( 7.4132 , 4.3311 ) : 20.24       : Survival (5, -)  -
No.7   : ( 2.5623 , 4.8628 ) : 29.189      : Crossover (6, 8)  -
No.8   : ( 2.0875 , 4.6504 ) : 27.919      : Crossover (6, 8)  -
No.9   : ( 2.0816 , 3.3056 ) : 27.837      : Mutation (6, -)  -
No.10  : ( 6.1739 , 4.7462 ) : 26.717      : Survival (9, -)  -
```

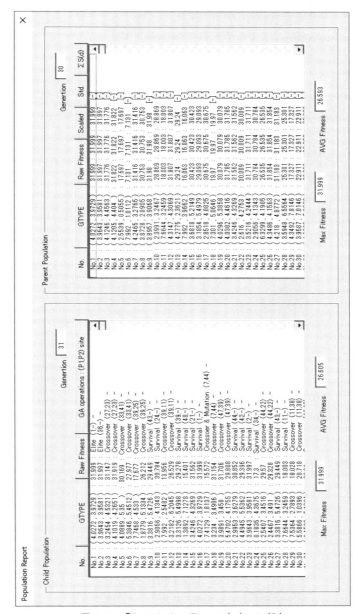

図4.14 「Population Report」ウィンドウ

第4章 GAをより複雑な問題に適用しよう

実数値 GA なので GTYPE がそのまま PTYPE（x, y 座標）となっています。

子供の No.1 と No.2 はそれぞれ親の No.8 のコピー（エリート）です。また No.6 の子供も No.5 のコピーとなっています。

交叉によって生成された個体を見てみましょう。たとえば、子供の No.7 と No.8 は親の No.6 と No.8 の交叉により生成されています。また、子供の No.9 は No.6 の親の突然変異から生成されています。No.4 の子供は No.1 と No.7 の親の交叉と突然変異から生成されています。子供の No.10 は親の No.9 のコピーです。この個体はエリートではないものの、交叉も突然変異も適用されずそのままコピーされています。

このような振る舞いの詳細は「Population Report」ウィンドウにおいて子供の遺伝子をダブルクリックすると「Detail」ウィンドウが開いて詳しい情報を見ることができます（図 4.15）。

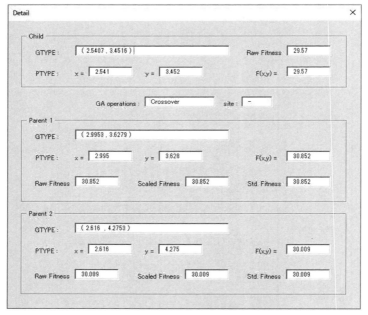

図 4.15 遺伝子の詳細情報

さまざまな関数で実数値 GA を実験してみましょう。特に DeJong の標準関数 $F1 \sim F5$ の他に、以下の $F6, F7$ で実験をしてください。これらは「Load」ボタンにより読み込めるようになっています。

$$F6(x, y) = 0.5 + \frac{\sin^2 \sqrt{x^2 + y^2} - 0.5}{\left[1.0 + 0.001\left(x^2 + y^2\right)\right]^2}$$

$$F7(x, y) = \left(x^2 + y^2\right)^{0.25} \left[\sin^2\left(50\left(x^2 + y^2\right)^{0.1}\right) + 1.0\right]$$

ここで変数の範囲は $-100 \leq x, y < 100$ です。$F6, F7$ とも z 軸の回りで回転した形状をとり、最小値は $x = y = 0.0$ でともに 0.0 となっています(図 4.16 と図 4.17 参照)。これらの関数は、異なる深さの井戸と異なる高さの垣根を持つ複雑な多峰性となっています。したがって、山登り法には非常に困難なランドスケープです。

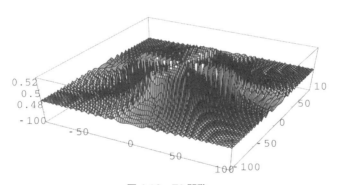

図 4.16　F6 関数

第 4 章 GA をより複雑な問題に適用しよう

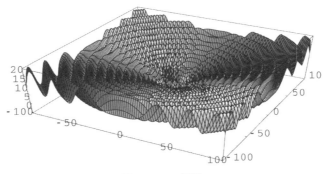

図 4.17　F7 関数

4.3 棲み分け

　生態学では種の分化と棲み分けという基本的な考え方があります。日本では棲み分けの考えをもとに今西錦司氏が進化論を提唱し、かなり大きな社会的影響を与えてきたのは有名です。今西氏は、加茂川でカゲロウの幼虫を採集しているときに、流速に即応した棲み分けに気がついたと述べています（図 4.18）。

（a）ポーランドの切手　　　　　　　　　（b）中国の切手

図 4.18　カゲロウの成虫と幼虫

この考えに基づいて、GA の各個体が棲み分けるように淘汰圧をかけるというのが Sharing の手法です。この拡張によって集団の多様性を維持し、多峰性関数の効果的な探索を実現できることがわかっています。

ここで、種の形成を促す利点は何かを考えてみましょう。以前に見た、

- $F(x) = \text{abs}(\sin(x))$ （図 4.19）
- $F(x) = \text{abs}(\sin(x) * x)$ （図 4.20）

で定義される多峰性適合度ランドスケープで GA を実行することを想定します。このとき、初期世代の個体が一様にランダムであれば、それらは関数の定義域内で均等に分布すると期待されます。

つまりどの山の近くにも同じくらいの数の個体がいるでしょう。世代が進むにつれ、集団はこれらの山を登っていきます。やがてほとんどの個体が、山のどれか一つの頂上付近に集まります。これを多様性の喪失と呼んでいます。

しかしながら各々の山に個体をいくらかずつ集め、部分集団を形成させる必要性も考えられます。たとえば、山の高さが異なっているときがその一例です。これに対して、通常の GA による個体は一番高い山に集中してしまいま

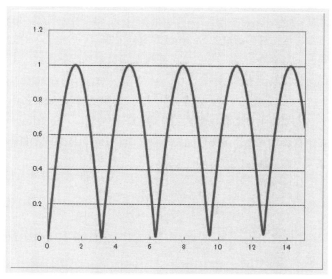

図 4.19　F(x)=abs(sin(x)) のグラフ

第 4 章　GA をより複雑な問題に適用しよう

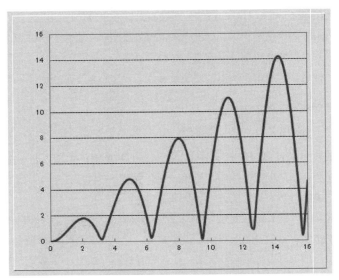

図 4.20　F(x)=abs(sin(x)*x) のグラフ

す。一方、山の高さに比例して部分集団を割り振りたいこともあります。つまり山が高いほど多くの個体を割り振り、かつ低い山にもいくらかの個体を割り振る場合です。

　このようなときに種の形成と Sharing が有効です。この機能の有効性を見るために、「Sharing」を「on」として、多峰性関数の適合度を用いて GA の探索を実行してみましょう。

　まず、$F(x) = \mathrm{abs}(\sin(x))$ で GA を実行すると、数世代の後に各山にほぼ同数の個体が分布するようになります（図 4.21）。ためしに「Sharing」を「off」とした GA で探索すると、多様性は失われ一つの山のみに集団が集まることが多くなります（図 4.22）。

4.3 棲み分け

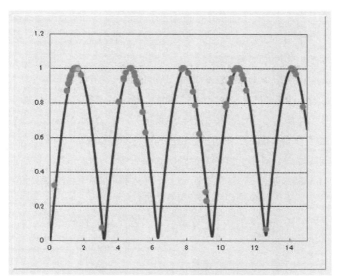

図 4.21　F(x)=abs(sin(x)) の探索（棲み分けあり）

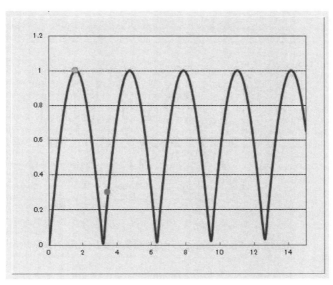

図 4.22　F(x)=abs(sin(x)) の探索（棲み分けなし）

別の例として、$F(x) = \mathrm{abs}(\sin(x) * x)$ をランドスケープとして実験してみましょう。このとき Sharing を用いた GA では、山の高さに応じて個体が分布するような部分集団が見られるでしょう（図 4.23）。一方、Sharing のない GA では最も高い山に収束してしまいます（図 4.24）。

以下では Sharing のしくみについて説明します。これは、同じような遺伝子型があまり多く生じないように、適合度関数にペナルティを与えるものです。このために割り当て関数（sharing function）が提案されています。これは集団内の各個体に対して適合度を分け合う近傍とその量を決めるものです。

図 4.25 は単純な割り当て関数を示しています。この図で横軸は個体間の距離（近さ）であり、縦軸が近さに応じて決まる割り当てです。個体間の距離は、ビット列の場合にはハミング距離で、実数値 GA の場合はユークリッド距離で測ります。

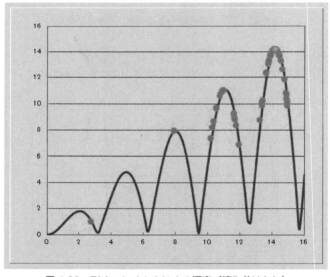

図 4.23　F(x)=abs(sin(x)*x) の探索（棲み分けあり）

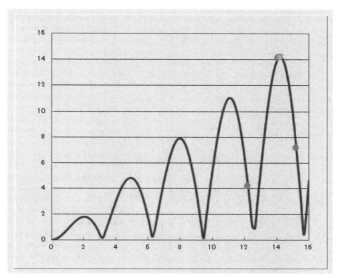

図 4.24　F(x)=abs(sin(x)*x) の探索（棲み分けなし）

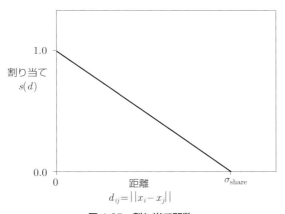

図 4.25　割り当て関数

　ある個体に対する割り当ての度合は、集団内の他のすべての個体の割り当て関数値の和で決まります。つまり、ある個体に近い（似ている）個体は多い割り当て（1に近い）を要求し、遠い（似ていない）個体の要求する割り当ては少なくなります（0に近い）。個体は自分自身にも非常に近いので、その割り

第4章 GAをより複雑な問題に適用しよう

当て関数値は1となります。このようにしてすべての個体が要求する割り当ての合計を求めたら、個体（i）の適合度（$f(x_i)$）を割り当てに応じて分割します。つまり、

$$f_s(x_i) = \frac{f(x_i)}{\sum_{j=1}^{n} s(d(x_i, x_j))} \tag{4.8}$$

となります。ここで $f_s(x_i)$ が割り当て後の適合度です。個体数は n であり、s は図4.25の割り当て関数、$d(x_i, x_j)$ は x_i と x_j の距離です。$d(x_i, x_j) = 1$ なので分母は必ず1以上になることに注意してください。分母が小さい（1に近い）ほど、x_i は他の個体と似ていないことになります。

このようにすると、多くの個体が同じ近傍にいるときには割り当ての総数が増えて適合度が低くなります。結果として集団内での特定の種だけの増長を制限します。

「Sharing」コンボボックスで「on」をクリックするとこの機能が働き、適合度関数が修正されます。なお、「GA Parameter Setting」ウィンドウの「Sigma Share」には割り当て関数の x 切片（σ_{share}）の値を設定します。このウィンドウは、「GA Setting」ボタンをクリックして表示させます。

GA-2Dシミュレータで Sharing の機能を確認してみましょう。次の関数を再び利用します（図4.26）。

- 関数定義：$F(x) = 8 - 2*\text{abs}(x-4)$
- 定義域：$0 \leq x < 8$
- 探索方法：GA
- Coding：binary
- Population：10
- Gene length：6
- Elite：2
- Sharing：on
- σ_{share}：3（「GA Setting」ボタンをクリックして設定します）

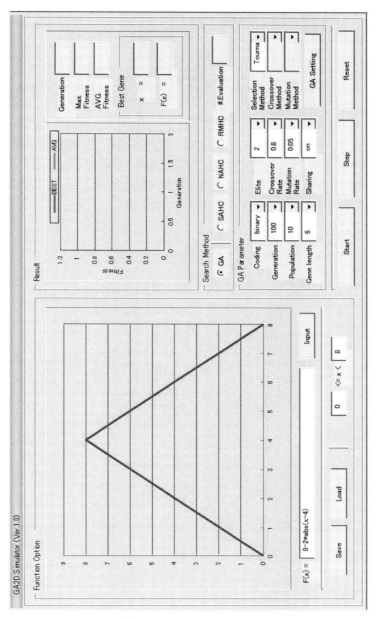

図 4.26 GA-2D シミュレータ

第 4 章 GA をより複雑な問題に適用しよう

図 4.26　GA-2D シミュレータ（続き）

このとき「Step」ボタンをクリックし、適当な世代で止めて「Report」ボタンをクリックしましょう。すると「Population Report」ウィンドウが表示され、集団の詳細を見ることができます。特に親の集団に注目してください。たとえば、ある実行では次のようになっていました。

親の集団
```
No.    : GTYPE     : Raw Fitness : Std.  ΣS(d)
--------------------------------------------
No.1   : [ 111110 ] : 7.75        : 2.325 [3.333]
No.2   : [ 111110 ] : 7.75        : 2.325 [3.333]
No.3   : [ 111101 ] : 4.25        : 1.159 [3.667]
No.4   : [ 111001 ] : 6.25        : 1.442 [4.333]
No.5   : [ 010001 ] : 7.5         : 3.214 [2.333]
No.6   : [ 111010 ] : 5.75        : 1.568 [3.667]
No.7   : [ 010010 ] : 4.5         : 1.929 [2.333]
No.8   : [ 010110 ] : 6.5         : 2.786 [2.333]
No.9   : [ 111001 ] : 6.25        : 1.442 [4.333]
No.10  : [ 111001 ] : 6.25        : 1.442 [4.333]
```

これらの数値は、

- Raw Fitness：$F(x)$ から計算される生の適合度
- $\Sigma S(d)$：割り当て関数の和、$\sum_{j=1}^{n} s(d(x_i, x_j))$
- Std.：最終的な適合度、つまり「Raw Fitness」を $\Sigma S(d)$ で割った値

を表しています。たとえば No.1 の個体では、

$$\text{Std.} = \frac{7.75}{3.333} = 2.325 \tag{4.9}$$

となります。

分母の 3.333 は、以下のように求められます。まず割り当て関数は、d をハミング距離とすると $\sigma_{share} = 3$ なので、

$$f(d) = \begin{cases} -\dfrac{1}{3}d + 1 & 0 \leq d \leq 3 \text{ のとき} \\ 0 & \text{その他のとき} \end{cases} \tag{4.10}$$

です。No.1 の個体に対する割り当て関数を計算すると、表 4.3 のようになります。したがって、その合計は 3.333 です。

表 4.3　No.1 に対する割り当て関数の値

個体 No.	GTYPE	ハミング距離	割り当て関数の値
No.1	111110	0	1
No.2	111110	0	1
No.3	111101	2	1/3
No.4	111001	3	0
No.5	010001	5	0
No.6	111010	1	2/3
No.7	010010	3	0
No.8	010110	2	1/3
No.9	111001	3	0
No.10	111001	3	0
合　計			3.333

Std. と Raw Fitness を比べると、似ている個体が多くあると適合度が小さくなるように変換されているのがわかります。No.1 と No.2 は Raw Fitness では最も優れていましたが、二つとも同じ個体であるため、変換後は適合度が差し引かれています。Raw Fitness が比較的良く、かつ似ている個体が少ない No.5 は、Sharing の結果一番良くなっています。

前に述べた選択やエリート戦略で用いる適合度には、Sharing による変換後の値を用いることになります。そのため、エリート戦略を用いていても最良適合度（BEST）のグラフが単調に増加しません。これはグラフが生の適合度を表示しているためです。

4.4 スケーリング

これまでの説明では適合度関数が正値をとると仮定していました。実際の生物ではありえないのですが、最適化では適合度関数が負になることもあります。このような場合、ルーレット戦略や Sharing ではやっかいな問題を引き起こします。そこで適合度の値を適切な正の値に変換します。これをスケーリングと呼びます。

最も簡単なスケーリング方法は、適合度関数の最小値を Raw Fitness の値から引くことです。これにより変換後の適合度は必ず正値をとることがわかります。本シミュレータでもこの手法を用いています。

「Population Report」ウィンドウに表示される親集団の「Scaled」の値がスケーリングされた適合度を示しています（図 4.27）。したがって、前章で述べた Sharing を適用する適合度にはスケーリングされた値を用いています。

なお厳密にいえば、この方法では適合度関数の最小値があらかじめわかっていなくてはなりません。それ以外の場合のスケーリング方法については［伊庭94］を参照してください。

4.4 スケーリング

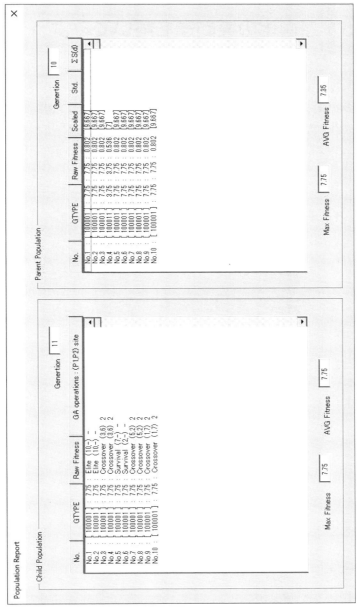

図 4.27 「Population Report」ウィンドウ

4.5 最適化の実問題を解いてみよう

ではここで GA-3D シミュレータを実際の例に応用してみましょう。そこで次の問題を考えます。

図 4.28 のような駆動装置とシャフト、従輪からなる複合ギアを考えます。ただし、駆動装置の歯数と従輪が接するギアの歯数が 12 であることは決まっています。二つのギヤの歯数を以下の条件を満たすように設計することが目的です。

1. 目標のギア率を 1/6.931 にできるだけ近づける。
2. 装置全体のサイズを抑える。
3. 各々のギアの歯数は最小 12、最大 60 とする。

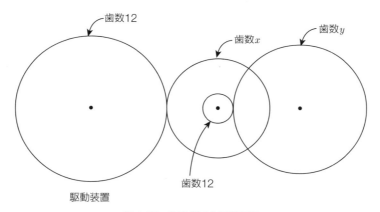

図 4.28　複合ギアの設計問題

二つのギアの歯数を図 4.28 のようにそれぞれ x, y とすると、これらの条件は以下のように書けます。

1. $f_1(x, y) = \{1/6.931 - (12 \times 12)/(x \times y)\}^2 \Rightarrow$ 最小化
2. $f_2(x, y) \Rightarrow$ 最小化
3. $12 \leq x, y < 60$

ただし $f_2(x, y)$ は、以下のように外側の歯数の合計を計算する関数です。

$$f_2(x, y) = \begin{cases} 12 + x + y & 12 \leq x \\ 12 + 12 + y & 12 > x \end{cases} \qquad (4.11)$$

ここでは二つの目的関数が出てきました。複数の目的関数を同時に最適化する問題を、多目的最適化といいます。このような問題にGAを適用する一番簡単な方法は、複数の目的関数の重み付きの和を適合度関数に用いることです。

今の場合には、

$$適合度 = -f_1(x, y) - rf_2(x, y) \qquad (4.12)$$

とすればいいでしょう。最大値を求める問題にするために f_1 と f_2 にマイナスを付けています。r は f_2 の（f_1 に対する）重みです。これにより、f_1 と f_2 を同時に最適化するような個体をGAで探索することができるのです。

では、

$$\begin{aligned} F(x, y) = &-((1/6.931 - 12*12/(x*y))^2) \\ &-\mathrm{if}(12 > x, 12 + 12 + y, 12 + x + y) * 0.0001 \end{aligned} \qquad (4.13)$$

を「Input Function」ウィンドウで入力してGA-3Dを実行してみましょう（図4.29）。ここではif文を用いて条件判定をしています。また $r = 0.0001$ としています。

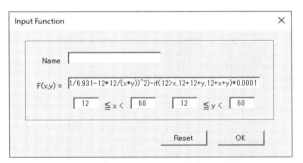

図4.29 「Input Function」ウィンドウ

実行してみると、$x = 30.867$, $y = 30.246$, $F(x, y) = -0.007$ の解が得られました（図4.30）。ただし、x, y は整数値をとることを考えると、

第4章 GAをより複雑な問題に適用しよう

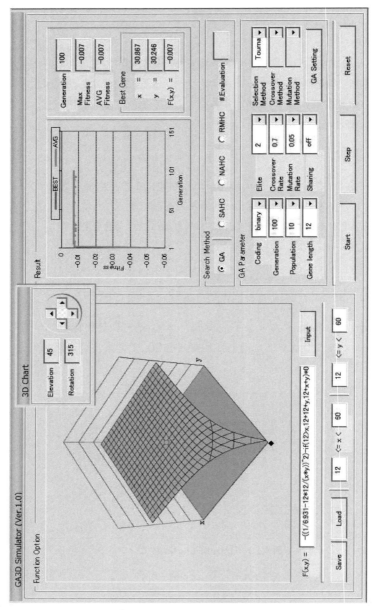

図4.30 設計問題の探索結果

$$f_1(31, 30) = 1.13 \times 10^{-4} \tag{4.14}$$
$$f_2(31, 30) = 73 \tag{4.15}$$

が解を与えていることがわかります。つまり二つの歯数は 31 と 30 になります。

なお多目的最適化についてはさまざまな研究がなされています。特に、適切な重み（r 値）の設定は困難であり、複数の目的関数値をベクトルとして同時に最適化する手法（パレート最適化）が有効とされています（これらの詳細は他の参考書［伊庭 11］を参照してください）。

4.6 制約のある問題

最適化では制約条件付きの問題が多くあります（図 4.31）。一般には制約問題は次のように書けます。

$$f(x) \Rightarrow \text{最大化} \tag{4.16}$$

ただし、x は、

$$g_j(x) \leq 0 \quad (j = 1, 2, \cdots, m) \tag{4.17}$$
$$h_k(x) = 0 \quad (k = 1, 2, \cdots, l) \tag{4.18}$$
$$a \leq x < b \tag{4.19}$$

の制約を満たすとします。ここで $f(x)$ が目的関数、$g_j(x)$, $h_k(x)$ は制約を決める関数です。

第 4 章　GA をより複雑な問題に適用しよう

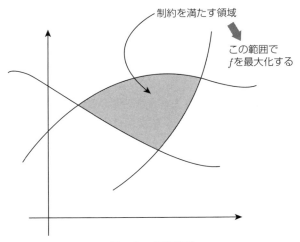

図 4.31　制約問題

このような問題に GA を適用するには、制約を満たさない遺伝子にペナルティを与えるために、次のように適合度を決めます。

$$\text{適合度} = f(x) - r_1 \sum_{j=1}^{m} P_1(g_j(x)) - r_2 \sum_{k=1}^{l} P_2(h_k(x)) \tag{4.20}$$

ここで P_1, P_2 は制約を満たすときに 0 の値をとり、そうでないなら制約から離れた度合い（正の値）を返します。また r_1, r_2 はペナルティの重み（正値）です。これにより、制約を満たさない遺伝子の適合度は低くされ、制約を満たしながら目的関数の大きな個体を進化させます。当然ながら適合度は大きな値ほどよいことになります（図 4.32）。

4.6 制約のある問題

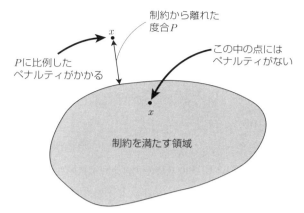

図 4.32 制約とペナルティ

例として次の最小化問題を解いてみましょう。

$$f(x) = \max\{\sin(2x), \cos(x)\} + 3/10 \Rightarrow 最小化 \tag{4.21}$$

ただし、x は、

$$g_1(x) = |\sin^3(2x) + \cos^3(x)| - 2/5 \leq 0 \tag{4.22}$$
$$0 \leq x < 2\pi \tag{4.23}$$

の制約を満たすとします。この場合には適合度関数を、

$$\begin{aligned}F(x) = &-\text{Max}(\sin(2*x), \cos(x)) - 3/10 \\ &+ 10 * \text{Min}(0, (2/5 - \text{abs}(\sin(2*x)\wedge 3 + \cos(x)\wedge 3)))\end{aligned} \tag{4.24}$$

のように「Input Function」ウィンドウに入力します(図 4.33)。ここでは最小化なので、適合度関数にマイナスを付けています。また、$g_1(x) \leq 0$ なら 0、さもなければ $-g_1(x)$ となるペナルティを第 2 項で計算しています。ペナルティの重み r_1 は 10 としています。

第 4 章 GA をより複雑な問題に適用しよう

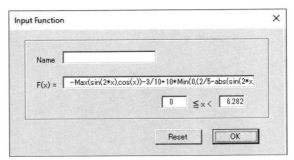

図 4.33 「Input Function」ウィンドウ

この式を入力して、GA-2D マクロで実行してみましょう（図 4.34）。実行の結果 $x = 1.949$, $F(x) = 0.07$ の解が得られます。この x 値の制約を調べると、

$$g_1(x) = |-0.37362| - 2/5 = -0.026383 \leq 0 \tag{4.25}$$

となって確かに条件を満たします。そして目的関数の値として、

$$f(x) = -0.07 \tag{4.26}$$

が得られました。

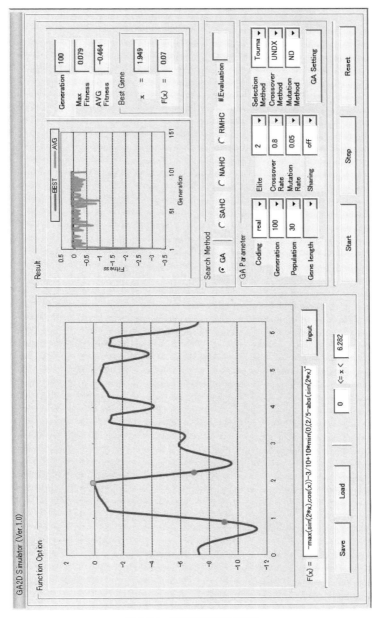

図4.34 制約問題の探索結果

第II部

進化計算の実際的な応用例

第Ⅰ部では進化計算を用いた最適化問題への解法を例として、遺伝的アルゴリズム（GA）について説明しました。
　進化計算は一般的な問題解決ツールなので、さまざまな問題に適用することができます。その際にユーザが決定すべきなのは以下のものです。

- GTYPE と PTYPE の表現とそれらの変換方法をどうするか？
- 適合度をどう計算するか？
- 各種のパラメータをどう設定するか？
    - 集団数
    - 最大世代数
    - 交叉率
    - 突然変異率

　これらを適切に設計すると、原理的にはどのような問題でも進化計算を解くことができます。
　第Ⅱ部では進化計算の具体的な応用例を見ていくことにしましょう。

第5章

進化計算で巡回セールスマン問題を解いてみよう

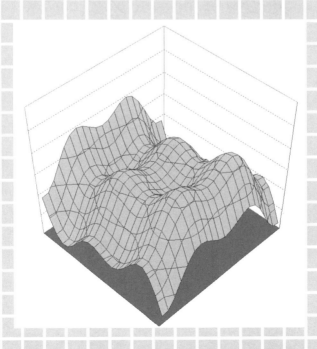

第 5 章　進化計算で巡回セールスマン問題を解いてみよう

5.1　セールスマンの苦悩

　進化計算が盛んに適用され、有効性の解析なども精力的になされた分野として巡回セールスマン問題（Travelling Salesman Problem, TSP）があります。これは、地図上に配置された何か所かの都市があるとき、すべての都市をちょうど一度ずつ経由して元に戻る閉路（ハミルトン閉路と呼ばれます）のうち長さが最小のものを求める問題です（図 5.1）。

図 5.1　巡回セールスマン問題

TSPを一般的に解く効率的なアルゴリズムは存在せず、すべての場合をしらみつぶしに調べなくては最適な解は得られません。したがって、町の数（N）が大きくなると、計算の複雑さも飛躍的に増大します。これを組み合わせ論的爆発と呼び、計算機科学での重要な問題（NP完全問題）の一つとなっています。TSPは物流輸送のコストやLSIの配線技術などに応用されています。

5.2　TSPシミュレータを動かしてみよう

　イメージをつかむためにExcelのシミュレータを使って実験してみましょう。TSPシミュレータ（`TSP.xlsm`）のマクロを実行してください。すると図5.2のような実行画面が表示されるでしょう。ここで左上に都市の配列が表示されています。このすべての都市をちょうど一度ずつ経由して元に戻る閉路のうち、長さが最小のものを求めるのが問題です。配置を変えるには、「Reset」ボタンをクリックしてから「Random City」ボタンをクリックします。また都市の数も変更できます（「Number of cities」コンボボックスへの入力）。

第5章 進化計算で巡回セールスマン問題を解いてみよう

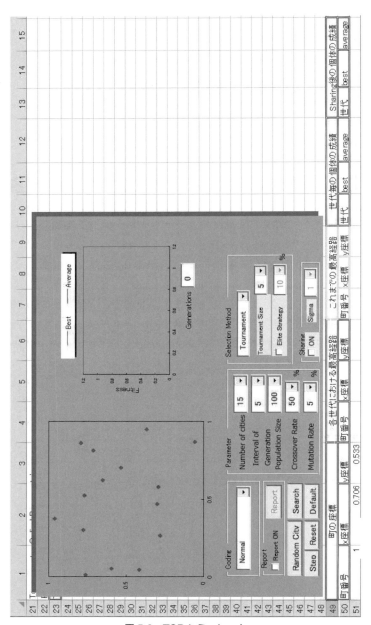

図5.2 TSPシミュレータ

5.2 TSP シミュレータを動かしてみよう

なお町の座標は Excel のシートに表示されています（図 5.3）。この値を変更することで、都市の配置をユーザが自由に定義することもできます。

	1	2	3
49	町の座標		
50	町番号	x座標	y座標
51	1	0.706	0.533
52	2	0.58	0.29
53	3	0.302	0.775
54	4	0.014	0.761
55	5	0.814	0.709
56	6	0.045	0.414
57	7	0.863	0.79
58	8	0.374	0.962
59	9	0.871	0.056
60	10	0.95	0.364
61	11	0.525	0.767
62	12	0.054	0.592
63	13	0.469	0.298
64	14	0.623	0.648
65	15	0.264	0.279

図 5.3　都市の座標

進化計算のパラメータとして、

- Interval of Generation：Search コマンドをクリックした後で止まるまでの世代数
- Population Size：集団数
- Crossover Rate：交叉率
- Mutation Rate：突然変異率

などを設定できます。

また右の欄では以下の要素を指定します。

- Selection Method：選択方法
    Roulette：ルーレット戦略
    Tournament：トーナメント戦略（トーナメントサイズを指定）
    Random：ランダムな選択
- Elite Strategy：エリート戦略（エリートとして残す率を指定）

第 5 章 進化計算で巡回セールスマン問題を解いてみよう

● Sharing：棲み分け機能を使用する場合は ON（その場合は σ_{share} を指定）

これらについては前章で説明しました。パラメータは Excel のシートにも表示されています（図 5.4）。

	1	2	3	4	5	6	7	8
1	パラメータ		5	町の数	世代数	個体数	交叉率	突然変異
2	町の数	15		3	1	100	1	0
3	個体数	100		5	5	200	5	1
4	突然変異率(%)	5		10	10	500	10	5
5	世代数	5		15	20	1000	50	10
6	選択方法	2		20	50		100	50
7	エリート戦略	FALSE		30	100			100
8	シェアリング	FALSE		50				
9	エリート率(%)	10		100				
10	シグマ	1						
11	トーナメントサ	5		エリート率	シグマ	トーナメントサイズ		
12	交叉率	50		1	1	2		
13	コーディング	1		5	5	3		
14	遺伝子表示	FALSE		10	10	5		
15	step	TRUE		20		10		
16	レポートモード	FALSE						
17	現在の世代	1						
18	これまでの最高	0.180455856						
19	選択方法	コーディング						
20	Roulette	Normal						
21	Tournament	Ordinal Representaion						
22	Random	Normal						
23	Tournament							

図 5.4　GA のパラメータ

進化計算を用いて TSP を解く場合の適合度は巡回路の長さの逆数とし、

$$\mathrm{Fitness}(PTYPE) = \frac{1}{\mathrm{Length}(PTYPE)} \tag{5.1}$$

として定義されます。Length($PTYPE$) は PTYPE の閉路長です。したがって正の数をとり、大きいほど良くなります。

ここで適当にパラメータを設定したら、「Search」ボタンをクリックしてみましょう。「Interval of Generation」で指定した世代まで進化計算の探索が実行されます。再び「Search」ボタンをクリックすると「Interval of Generation」の世代数分を繰り返し実行します。「Step」ボタンをクリックすると 1 世代ごとの実行となります（図 5.5）。右上のグラフには世代ごとの最良

適合度（赤、Best）と平均適合度（緑、Average）が表示されます。左の都市の図にはそれらの表現型が示されています。黄色い巡回路がこれまでに見つかった最良解、青色が世代ごとの最良解です。ただし青い（濃色の）巡回路は黄色の最適解に重なって見えないこともあります。探索結果のデータの詳細はExcelのシートに記述されています（図5.6）。

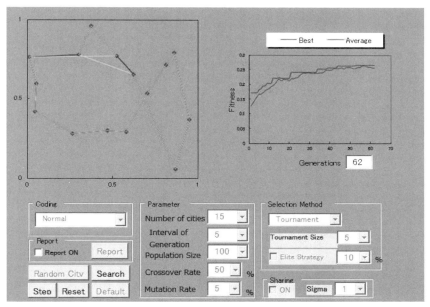

図 5.5　TSP の探索結果

第 5 章　進化計算で巡回セールスマン問題を解いてみよう

	1	2	3	4	5	6	7	8	9	10	11	12	13	14	15
49		町の座標		各世代における最高経路			これまでの最高経路			世代毎の個体の成績			Sharing後の個体の成績		
50	町番号	x座標	y座標	町番号	x座標	y座標	町番号	x座標	y座標	世代	best	average	世代	best	average
51	1	0.706	0.533	15	0.264	0.279	15	0.264	0.279	1	0.1705	0.1257589			
52	2	0.58	0.29	6	0.045	0.414	6	0.045	0.414	2	0.1705	0.1355085			
53	3	0.302	0.775	12	0.054	0.592	12	0.054	0.592	3	0.1709	0.1473413			
54	4	0.014	0.761	4	0.014	0.761	4	0.014	0.761	4	0.1709	0.1570077			
55	5	0.814	0.709	3	0.302	0.775	3	0.302	0.775	5	0.1808	0.1662861			
56	6	0.045	0.414	8	0.374	0.962	8	0.374	0.962	6	0.1843	0.1666422			
57	7	0.863	0.79	11	0.525	0.767	11	0.525	0.767	7	0.1938	0.171557			
58	8	0.374	0.962	14	0.623	0.648	14	0.623	0.648	8	0.1941	0.17777633			
59	9	0.871	0.056	9	0.871	0.056	9	0.871	0.056	9	0.2024	0.1821259			
60	10	0.95	0.364	10	0.95	0.364	10	0.95	0.364	10	0.2024	0.1847999			
61	11	0.525	0.767	7	0.863	0.79	7	0.863	0.79	11	0.2024	0.1907381			
62	12	0.054	0.592	5	0.814	0.709	5	0.814	0.709	12	0.2195	0.1956757			
63	13	0.469	0.298	1	0.706	0.533	1	0.706	0.533	13	0.2195	0.2008151			
64	14	0.623	0.648	2	0.58	0.29	2	0.58	0.29	14	0.2195	0.02106129			
65	15	0.264	0.279	13	0.469	0.298	13	0.469	0.298	15	0.2221	0.217472			
66				15	0.264	0.279	15	0.264	0.279	16	0.2195	0.02106129			
67										17	0.2195	0.2155984			
68										18	0.2195	0.2155952			
69										19	0.2195	0.2153312			
70										20	0.2195	0.02106129			

図 5.6　結果の詳細データ

5.3 TSP のための遺伝子型（その1）

　TSP を進化計算で解くことを考えましょう。このために TSP に対する GTYPE/PTYPE を設計します。巡回路をそのまま GTYPE として定義すると、交叉によって巡回路以外のものが生じてしまいます。

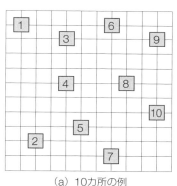 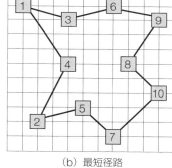

(a) 10カ所の例　　　　　　　　　(b) 最短径路

図 5.7　都市の例

　たとえば、a, b, c, d, e という五つの町の巡回を例にします。これを順に 1, 2, 3, 4, 5 と番号付け、次のような二つの巡回路をとってみましょう。

Name	GTYPE	PTYPE
P1	13542	a→c→e→d→b→a
P2	12354	a→b→c→e→d→a

親の遺伝子型の 2 番目と 3 番目の間で交叉が生じたとします。すると、

Name	GTYPE	PTYPE
C1	12542	a→b→e→d→b→a
C2	13354	a→c→c→e→d→a

となり、C1、C2 とも同じ都市（2 = b と 3 = c）を回る巡回のために TSP の解にはなりえません。このような GTYPE（遺伝子型）を致死遺伝子（lethal genes）と呼びます。効果的な探索のためには致死遺伝子の発生を抑える必要

があります。

TSP のための GTYPE の設計法の一つとして、次のようなものがあります。巡回すべき都市 a, b, c, d, e を 1, 2, 3, 4, 5 まで順序付けます。ただし、これは下に述べるような相対的な順番とします。ここで acedb（PTYPE）という巡路の GTYPE は次のように構成します。まず、a は上の順番から見て 1 番目なので 1 と書きます。次にこの順番から a を消し、bcde が 1234 の順として残ります。a の次の c はこの新たな順の中で 2 番目なので 2 と書きます。以下同様にして acedb に対する GTYPE が 12321 と求められます。

都市	順序	遺伝子型
a	abcde 12345	1
c	bcde 1234	2
e	bde 123	3
d	bd 12	2
b	b 1	1

同じ方法で abced という巡回に対する GTYPE は 11121 となります。GTYPE 表現から都市の巡回（PTYPE）を求めることは逆の要領で容易にできるでしょう。この GTYPE 表現の優れた点は、通常の交叉によって得られた GTYPE が致死遺伝子とはならず、都市の巡回（ハミルトン閉路）を表すことです。たとえば、前述の交叉を考えてみましょう（図 5.8）。

Name	GTYPE	PTYPE
P1	12321	a→c→e→d→b→a
P2	11121	a→b→c→e→d→a
C1	12121	a→c→b→e→d→a
C2	11321	a→b→e→d→c→a

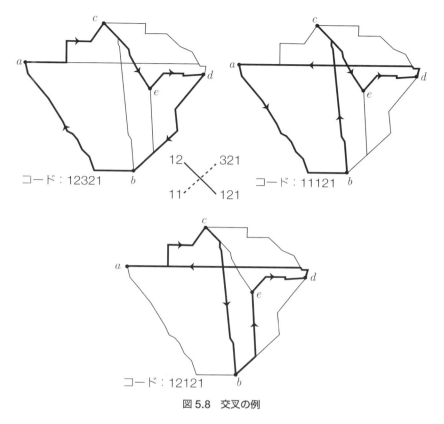

図 5.8 交叉の例

このように、交叉でできた GTYPE も都市の巡回を表現するようになっています。この GTYPE 表現は順序表現（ordinal representation）と呼ばれています。

順序表現に対する遺伝的オペレータには、突然変異と交叉を用います。これらは基本的に第 I 部で説明したオペレータと同一です。ただし、GTYPE がバイナリ表現（0 と 1 からなる列）ではなく一般の文字列表現であるために、突然変異では変異する遺伝子を適切な文字集合から選択する必要があります。たとえば、上述の P1 の GTYPE（12321）を考えましょう。一般に順序表現では第 i 番目の遺伝子に可能な文字は、都市数を N としたときに 1, 2, 3, ⋯ $N-i+1$ です。したがって、上の GTYPE で第 1 番目の遺伝子（1）が突然変

第5章 進化計算で巡回セールスマン問題を解いてみよう

異する場合、変異後の文字の候補は 2, 3, 4, 5 となります。第2の遺伝子（2）では 1, 3, 4 です。

TSP シミュレータで進化計算の動作の詳細を確認してみましょう。そのために「Report」というコマンドが用意されています。このとき次の初期設定にしてください（図5.9）。

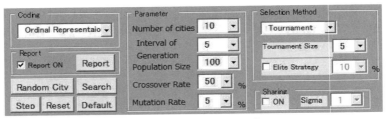

図 5.9 GA パラメータの設定

- Number of cities：10
- Report ON：チェックする
- Interval of Generation：5
- Coding：Ordinal Representation
- Sharing：「ON」をチェックしない

これは進化計算の振る舞いをよりよく観測するための設定になっています。都市の数を変更したら、「Random City」ボタンをクリックしてください。

そして、「Search」ボタンをクリックしてください。すると5世代実行して中断します。次に「Report」ボタンをクリックしましょう。このとき「Population Report」ウィンドウが開きます（図5.10）。このウィンドウでは集団の詳細を見ることができます。ここでは親と子の世代の遺伝子、最大適合度および平均適合度を表示しています。遺伝子の情報は、

- No.：遺伝子の番号
- Gtype：遺伝子型
- Fitness：適合度
- operate（遺伝的 operations）：子の遺伝子がどのようにしてその遺伝子が生成されたか

5.3 TSPのための遺伝子型(その1)

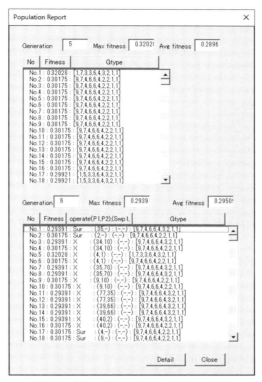

図5.10 「Population Report」ウィンドウ

Elite：エリート個体としてそのままコピーされた（親の番号を表示）

X（Crossover）：一点交叉により生成された（親の2個体の番号と交叉点を表示）

Mu（Mutation）：突然変異によって生成された（親の個体番号と変異点を表示）

Sur（Survival）：エリートではないが交叉も突然変異も適用されずそのままコピーされた（親の番号を表示）

からなっています。

たとえば、ある実行では次のようになっていました。

親の集団

```
No.  : Fitness : GTYPE
------------------------------------------------
No.1 : 0.23706 : [9, 7, 6, 7, 2, 1, 3, 1, 2, 1]
No.2 : 0.23674 : [2, 5, 1, 4, 1, 2, 3, 2, 1, 1]
No.3 : 0.23674 : [2, 5, 1, 4, 1, 2, 3, 2, 1, 1]
No.4 : 0.20897 : [10, 1, 2, 3, 2, 5, 1, 2, 2, 1]
No.5 : 0.20897 : [10, 1, 2, 3, 2, 5, 1, 2, 2, 1]
No.6 : 0.20286 : [7, 7, 6, 7, 2, 2, 3, 3, 2, 1]
No.7 : 0.20022 : [6, 4, 6, 6, 4, 3, 2, 3, 2, 1]
No.8 : 0.19595 : [7, 2, 4, 2, 1, 2, 2, 3, 2, 1]
No.9 : 0.17859 : [2, 9, 7, 6, 4, 4, 1, 2, 1, 1]
No.10: 0.17485 : [10, 5, 5, 4, 5, 5, 4, 3, 2, 1]
```

子の集団

```
NO.  : Fitness : 遺伝的Op.   : p1, p2 : sites  : GTYPE
------------------------------------------------------------------------
No.1 : 0.23706 : Elite       : (1, -) : (-, -) : [9, 7, 6, 7, 2, 1, 3, 1, 2, 1]
No.2 : 0.19826 : X+Mu        : (3, 4) : (8, -) : [2, 1, 1, 4, 2, 2, 1, 2, 1, 1]
No.3 : 0.23674 : Sur         : (3, -) : (-, -) : [2, 5, 1, 4, 1, 2, 3, 2, 1, 1]
No.4 : 0.23706 : Sur         : (1, -) : (-, -) : [9, 7, 6, 7, 2, 1, 3, 1, 2, 1]
No.5 : 0.21272 : X+Mu        : (2, 3) : (2, -) : [2, 6, 1, 4, 1, 2, 3, 2, 1, 1]
No.6 : 0.23674 : X           : (2, 3) : (-, -) : [2, 5, 1, 4, 1, 2, 3, 2, 1, 1]
No.7 : 0.19343 : Sur+Mu      : (4, -) : (5, -) : [10, 1, 2, 3, 6, 5, 1, 2, 2, 1]
No.8 : 0.23674 : Sur+Mu      : (2, -) : (5, -) : [2, 5, 1, 4, 1, 2, 3, 2, 1, 1]
No.9 : 0.18872 : X           : (5, 3) : (-, -) : [2, 1, 1, 4, 1, 2, 1, 2, 1, 1]
No.10: 0.15515 : X           : (5, 3) : (-, -) : [10, 5, 2, 3, 2, 5, 3, 2, 2, 1
```

子供の No.1 は親の No.1 のエリートのコピーです。No.3 と No.4 の子供はそれぞれ親の No.3 と No.1 のコピーとなっています。

また子供の No.7 は親の No.4 のコピーですが、5 番目の遺伝子座に突然変異が起こったことを示しています。つまり、

```
No.4 : 10, 1, 2, 3, 2, 5, 1, 2, 2, 1
         ↓  突然変異
No.7 : 10, 1, 2, 3, 6, 5, 1, 2, 2, 1
                    ^
```

ここでは突然変異点に ^ を入れています。

5.3 TSPのための遺伝子型（その1）

次に交叉によって生成された個体を見てみましょう。たとえば子供の No.9 と No.10 は親の No.5 と No.3 の交叉により生成されています。交叉には一様交叉が採用されています。交叉点の情報は Excel のシートに記述されています。この場合は、

```
0, 1, 0, 0, 0, 1, 1, 0, 0
```

となっていて、第 2, 7, 8 の遺伝子座を交換することになります。

したがって、

```
No.5 : 10, 1, 2, 3, 2, 5, 1, 2, 2, 1
No.3 :  2, 5, 1, 4, 1, 2, 3, 2, 1, 1
        ↓   交叉
No.10: 10, 5, 2, 3, 2, 5, 3, 2, 2, 1
No.9 :  2, 1, 1, 4, 1, 2, 1, 2, 1, 1
            x              x  x
```

となるのです。ここで交換する部分を x で示しています。

No.5 の子供は親の交叉と突然変異から生成されています。

「Population Report」ウィンドウにおいて子供の遺伝子をダブルクリックすると、GTYPE と PTYPE の関係と遺伝的オペレータの振る舞いの詳細を観察できます。このときウィンドウが開いて、そこに親と子の PTYPE を地図上で見ることができます（図 5.11）。これにより交叉や突然変異で PTYPE がどのように変化するかがわかるでしょう。特に、次の点を注意してください。

- 突然変異が親の構造を少し変えていること
- 交叉により親の部分構造を受け継いでいること

なお、「Report」を ON にすると、ログなどを記録するので実行が遅くなります。多くの都市を探索する場合や、迅速に結果が欲しいときには、「Report」を ON にしない方がいいでしょう。

第 5 章　進化計算で巡回セールスマン問題を解いてみよう

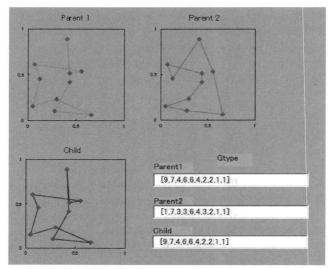

図 5.11　PTYPE の表示

5.4 TSP のための遺伝子型（その 2）

これまで順序表現について説明しました。TSP に対しては、この他にも次のような方法が提案されています。

■**コーディング方法**

都市の訪問順をそのまま遺伝子とします。たとえば 10 都市の問題の場合、

```
10 1 2 5 4 9 7 8 6 3
```

や、

```
1 9 6 10 3 8 7 5 4 2
```

が遺伝子型（解候補）となります。

■**交叉方法**

部分一致交叉（Partially Matched Crossover, PMX）を使用します。これは二点交叉を拡張した交叉方法です。交叉する部分構造を保存しつつ、致死遺伝子とならないように他の構造を変更します。より詳細には、二つの遺伝子型の配列を $A[1], A[2], \cdots, A[n]$ と $B[1], B[2], \cdots, B[n]$ としたとき、以下の手順を実行します（遺伝子長は n）。

- **Step1** 二つの交叉点 i, j $(1 \leq i \leq j \leq n)$ をランダムに選びます。このとき **Step4** で $A[i], A[i+1], \cdots, A[j]$ と $B[i], B[i+1], \cdots, B[j]$ の部分が交換されます。
- **Step2** $\{A[1], A[2], \cdots, A[i-1], A[j+1], \cdots, A[n]\}$ と $\{B[i], B[i+1], \cdots, B[j]\}$ に共通要素があるとき、それを $A[k], B[m]$ とします。このとき $A[k]$ の値を $A[m]$ に変更します。
- **Step3** $\{B[1], B[2], \cdots, B[i-1], B[j+1], \cdots, B[n]\}$ と $\{A[i], A[i+1], \cdots, A[j]\}$ に共通要素があるとき、それを $B[k], A[m]$ とします。このとき $B[k]$ の値を $B[m]$ に変更します。
- **Step4** $A[i], A[i+1], \cdots, A[j]$ と $B[i], B[i+1], \cdots, B[j]$ の部分を

交換します。

たとえば次の二つの巡回路(GTYPE)を考えましょう。

```
P1    3  4  9 10  6  8  5  1  7  2
P2    2 10  6  5  1  7  4  9  8  3
```

このとき PMX の実行例は以下のようになります。

Step1 交叉点として $i=5$, $j=7$ が選ばれたとします。つまり P1 での $A[5]=6$, $A[6]=8$, $A[7]=5$ と P2 での $B[5]=1$, $B[6]=7$, $B[7]=4$ が交換されます。

Step2 $B[5]=A[8]=1$ なので $A[8]$ の値を $A[5]=6$ とします。同様に、$A[9]=A[6]$, $A[2]=A[7]$ とします。その結果 P1 は、

```
P1'   3  5  9 10  6  8  5  6  8  2
```

となります。

Step3 $A[5]=B[3]=6$ なので $B[3]$ の値を $B[5]=1$ とします。同様に、$B[9]=B[6]$, $B[4]=B[7]$ とします。その結果 P2 は、

```
P2'   2 10  1  4  1  7  4  9  7  3
```

となります。

Step4 $A[5]=6$, $A[6]=8$, $A[7]=5$ と $B[5]=1$, $B[6]=7$, $B[7]=4$ の部分を交換します。その結果生成された子供の GTYPE は、

```
C1    3  5  9 10  1  7  4  6  8  2
C2    2 10  1  4  6  8  5  9  7  3
```

となります。

この方法で致死遺伝子が生じないことを各自確かめてください。

■突然変異方法

「Swap Mutation(交換突然変異)」を使用します(図 5.12)。これはランダムに選んだ二つの都市の順番を交換するものです。特にシミュレータでは「Greedy Swap Mutation(欲張り交換突然変異)」(交換した訪問順の成績がよ

5.4 TSPのための遺伝子型（その2）

りよいときのみ変異を行う方法）を採用しています。

図 5.12 Swap Mutation

TSPシミュレータの「Report」コマンドでPMXの動作の詳細を確認してみましょう。「Coding」の部分を「Normal」にするとPMXを用いた遺伝子型となります。順序表現と同じように、「Report」コマンドを実行すると図5.13のようなウィンドウが開かれます。ここに遺伝子生成の詳細な情報が表示されます。また集団中の子供の遺伝子をダブルクリックすると、選んだ子供とその親のGTYPE（遺伝子型）とPYTPE（都市の巡回路）の関係を左側のウィンドウで観察できます（図5.14）。

一般にPMXの方が順序表現よりも成績がよいことが知られています。この理由は、順序表現ではせっかく生成された有益な部分構造が交叉によって壊されてしまうことがあるからです。さまざまな地図やパラメータを設定して、このことを実験的に確認してみましょう。

第5章 進化計算で巡回セールスマン問題を解いてみよう

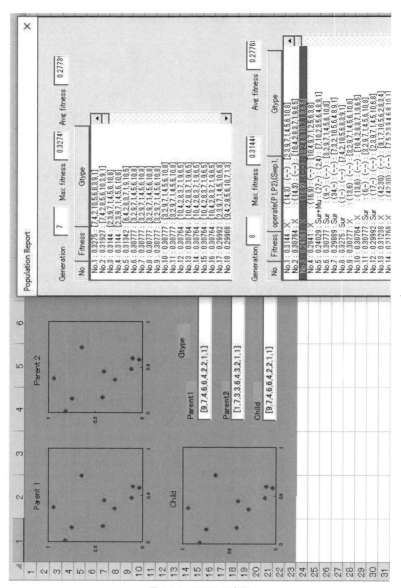

図 5.13　PMX の交叉

5.4 TSPのための遺伝子型(その2)

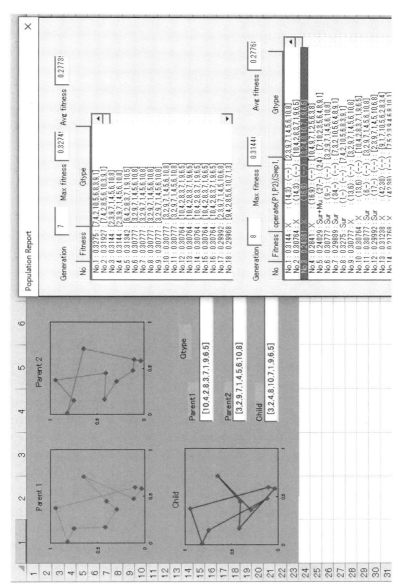

図5.14 Swap Mutationの様子

第6章

進化計算でスケジューリングしてみよう

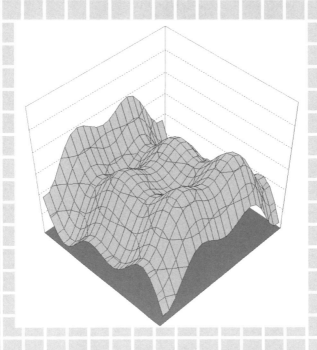

第 6 章　進化計算でスケジューリングしてみよう

6.1　スケジューリング問題とは？

本章では別の応用例としてスケジューリング問題に進化計算を適用してみましょう。

日常生活でもスケジュールの必要なことが多くあります。また企業では効率的なスケジュールを組むことは必要不可欠です（図 6.1）。

図 6.1　スケジューリングの問題

たとえば、

- 看護師の勤務シフト（夜勤、日勤、休暇）のスケジュール
- 飛行機の乗務員のスケジュール
- 時間割の作成（教員と教室、生徒のスケジュール管理）

などは、適切な制約条件（過剰勤務を避ける、ダブルブッキングをしないな

ど）のもとで最適なスケジュールを求める問題です。

一般にこのような問題を解くことは非常に難しく、進化計算などの確率的な探索手法やヒューリスティクス（heuristics）がしばしば利用されます。

6.2 JSSPとは？

3個のジョブ（仕事）A, B, Cがあります。すべてのジョブは2種類の機械 M_1, M_2 で、M_1, M_2 の順序で実行されるとき、どのような順序でジョブを機械にかけたらよいでしょうか？ ただし、ジョブA, B, Cの機械 M_1, M_2 における所要時間は表6.1のようになっているとしましょう。

表6.1　所要時間

ジョブ＼機械	M_1	M_2
A	3	8
B	6	4
C	2	9

3個のジョブA, B, Cについて、可能な順序をすべて列挙してみると、次のように 3! = 6 通りあることがわかります。

A→B→C　　A→C→B　　B→A→C
B→C→A　　C→A→B　　C→B→A

そこで、仮に A→B→C の順序で処理すると、総所要時間が24時間になることが図6.2からわかります。この図の見方は次の通りです。

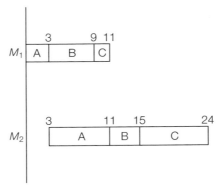

図 6.2　ガントチャートの例

　A → B → C の順序で処理するので、機械 M_1 にはまず A がかけられます。M_1 の時間軸の目盛り 3 のところで、A は M_2 での実行に移り、M_1 では同時に B の実行が始まります。このように逐次、作業の開始・終了時刻を調べていけばよいのです。ただし、M_1 での実行が終わっても、先行程である M_2 で他のジョブを処理中であれば、それが終了するまで待たなければなりません。このような図のことをガントチャート（gantt chart）と呼んでいます。今の場合、ガントチャートを 6 回書いてみて、それらの中で総所要時間が最小になるものを探せばよいのです。実際にこのような手順をふんでみると、C → A → B または C → B → A の順序で実行すると総所要時間が最小（23 時間）で済むことがわかります。

　上のように簡単な場合には、すべてのケースを数え上げて最適解を得ることができます。これを完全列挙法といいます。しかしながら機械とジョブの数が多くなるとこの方法では解くことができません。m 機械と n ジョブの場合の処理の組み合わせは $(n!)^m$ 通りとなります。たとえば、$n = 5, m = 5$ としても $(5!)^5 = 250$ 億通りにもなり、コンピュータですべての組み合わせを探索することは不可能です。これを組み合わせ論的爆発と呼びます。

　そのため、通常はヒューリスティクスを用いて適当な順番を決めて、処理を実行します。これをディスパッチングルール（ジョブの割り付け規則）と呼んでいます。よく用いられるヒューリスティクスには次のようなものがあります [古川他 00]。

- RANDOM:ランダムにジョブを選ぶ。
- SPT(Shortest Processing Time):処理時間が最小のジョブを選ぶ。平均納期の遅れを小さくする傾向がある反面、納期遅れの大きなジョブが出ることがある。
- EDD(Earliest Due Date):納期に最も近いジョブを選ぶ。納期遅れに関して有効。
- SLACK:スラック時間(= 納期 – 現在時刻 – 総残り処理時間)が最小のジョブを選ぶ。納期遅れに関して有効。
- FIFO(First In First Out):最初に入ったジョブを選ぶ。RANDOM よりも結果にばらつきがない。

これによって、最適ではないがある程度よい解(準最適解と呼びます)を合理的な時間で得るのが目的です。

n 個のジョブを m 個の機械で処理したときの総所要時間が最小となるような処理の順番を考える問題を、ジョブショップスケジューリング問題(Job Shop Scheduling Problem, JSSP)と呼んでいます。上の例では機械の処理順はすべてのジョブで M_1 から M_2 と決まっていましたが、一般には処理の順番はジョブごとに異なって与えられます。JSSP は NP 困難な、極めて難しい問題であることがわかっています。

まとめると、JSSP には次のような制約条件があります。

1. 各ジョブは同時に一つの機械でのみ処理される。
2. 各機械は同時に一つのジョブのみを処理する。
3. ジョブごとの機械の処理順と作業時間が与えられている。

6.3 JSSPを進化計算で解いてみよう

まずJSSPシミュレータ（jssp.xlsm）のマクロを実行してください。すると図6.3のような実行画面が表示されるでしょう。これは進化計算でJSSPを解くシミュレータです。このシミュレータは［平野00］の方法をもとにしています（そのしくみは次章で詳しく説明します）。

ベンチマーク問題かジョブファイルを設定して、「Run」ボタンをクリックしてみてください（問題の定義方法は180頁で説明します）。すると、設定したパラメータでシミュレーションが始まります。これらのパラメータは左上にあり、ユーザは任意に変更できます。進化計算のパラメータは第I部で説明したものです。

進化計算での適合度は、すべてのジョブを終了するまでの総所要時間とします。したがって適合度は小さいほどよいことになります。

実行が始まると、右下のグラフには世代ごとの平均適合度と最良適合度が時々刻々と表示されます。実行が終了すると、左下に結果が記述されます（図6.3（b））。ここには、

- 実行結果：最後の世代まで終了したか、最適値を得たか
- 獲得された最良個体の遺伝子型
- それが最初に得られた世代数
- ジョブ完了時刻（総所要時間＝適合度）
- 使ったパラメータ値

が示されます。

6.3 JSSPを進化計算で解いてみよう

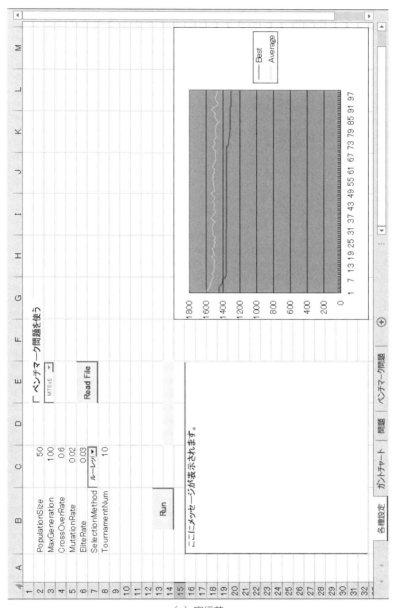

(a) 実行前

図6.3 JSSPシミュレータ

第 6 章　進化計算でスケジューリングしてみよう

(b) 実行後の結果

図 6.3　JSSP シミュレータ（続き）

「ガントチャート」シートには最良個体によるスケジュールが表示されます（図 6.4）。「Job Scheduling」の色と「Machine Scheduling」の色は対応しているので、どの処理がいつ行われているかを読み取ることができるでしょう。

問題の定義が「問題」シートに記述されています（図 6.5）。1 行目が問題の定義（ファイル名、ジョブ数、マシン数）です。2 行目以降が問題の記述です。各行が一つのジョブを表します。そのジョブが処理する順に、機械番号と処理時間を二つずつのセルで記述します。行数はジョブ数に対応します（1 行目をのぞく）。すべてのジョブで使用する機械数が一致していないといけません。つまり各行の長さは同じになります。またジョブ番号や機械番号は 0 から始まることに注意してください。

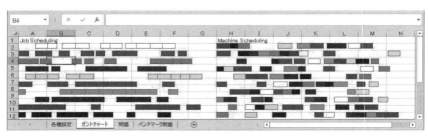

図 6.4　ガントチャート

6.3 JSSPを進化計算で解いてみよう

	A	B	C	D	E	F	G	H
1	abz5.dat	Job:10	Machine:10					
2	4	88	8	68	6	94	5	99
3	5	72	3	50	6	69	4	75
4	9	83	8	61	0	83	1	65
5	7	94	2	68	1	61	4	99
6	3	69	4	88	9	82	8	95
7	1	99	4	81	5	64	6	66
8	7	50	1	86	4	97	3	96
9	4	98	6	73	3	82	2	51
10	0	94	6	71	3	81	7	85
11	3	50	0	59	1	82	8	67
12								

図 6.5　問題の定義

自分で定義した問題をファイルに記述して、「各種設定」シートの「Read File」ボタンで読み込むことができます。ファイルの形式は通常のテキストとして、「問題」シートのように記入します。たとえば、

```
0 5 1 7 2 3 3 9
3 9 0 4 2 6 1 5
1 3 3 2 2 5 0 1
```

のように書くと、3ジョブ×4機械問題を定義しています。1行目に記述されたジョブ0は、まず機械0を5単位時間かけて行い、次に機械1を、続いて機械2、機械3の順で行います。2行目のジョブ1、3行目のジョブ2も同様です。表6.2にこのJSSPの制約条件を記述しました。

表 6.2　所要時間

ジョブ	作業（マシン番号，作業時間）			
J_0	$(M_0, 5)$	$(M_1, 7)$	$(M_2, 3)$	$(M_3, 9)$
J_1	$(M_3, 9)$	$(M_0, 4)$	$(M_2, 6)$	$(M_1, 5)$
J_2	$(M_1, 3)$	$(M_3, 2)$	$(M_2, 5)$	$(M_0, 1)$

「ベンチマーク問題を使う」をチェックすると、MT6×6, MT10×10, MT20×5という問題を使うことができます。問題の定義は「ベンチマーク問題」シートにあります。ここでMT$i×j$はiジョブ×j機械のJSSPを表しています。これらは、1963年にMuthとThompsonらにより提出された有名なベンチマークテストです。このうちMT10×10はきわめて困難な問題で、

第6章 進化計算でスケジューリングしてみよう

1988年に所要時間930の解が発見され、翌年それが最適解であることが証明されました。またMT6×6の最適解は55、MT20×5の最適解は1 165であることがわかっています。この問題を使った場合には、最適解が得られるとその情報が左下に表示されます。

いろいろなパラメータや問題に対して、進化計算を試してみてください。進化計算はどのくらいうまくスケジュールを作成するでしょうか？

6.4 JSSPのための遺伝子型とオペレータ

ここで進化計算のしくみを説明しましょう（なお以下の説明は［平野00］をもとにしています）。

たとえば、表6.2にあるような3ジョブ、4機械のJSSPを考えましょう。表の各項目は作業に使う機械と作業時間のペアであり、各行で左から順に作業することを表しています。

GTYPEは、次にどのジョブをガントチャートに配置するかを決めるためにジョブ番号を並べたものとします。したがって、染色体上には、同一ジョブ番号がそのジョブを処理するために必要とする機械の数だけ出現することになります。この表現を順序型遺伝子コーディングと呼んでいます［平野00］。

たとえば、表6.2のJSSPが与えられたとき、

```
 1  2  2  2  2  0  1  0  1  1  0  0
```

のような遺伝子を考えましょう。遺伝子長はジョブ数×機械数となることに注意してください。このとき、まずジョブ1の最初の処理（機械3）を実行します。次にジョブ2の最初の処理（機械1）を、その次にジョブ2の第2の処理（機械3）を、というように機械とジョブがガントチャートに割り付けられていきます。同様にして、5番目の遺伝子座のジョブの割り付けが終わったときのガントチャートは、図6.6のようになります。

6.4 JSSPのための遺伝子型とオペレータ

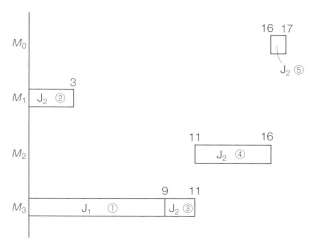

図 6.6 GTYPE から PTYPE への変換の例（1）

ここで6番の遺伝子座のジョブ（ジョブ0、機械0）の割り付けを考えましょう。このとき処理時間は5なので、ジョブ2の処理の前（開始後すぐに）割り付けられることに注意してください（図6.7）。

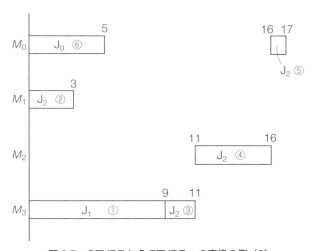

図 6.7 GTYPE から PTYPE への変換の例（2）

さらに7番の遺伝子座のジョブ（ジョブ1、機械0）の割り付けでは、処理時間が4なので、ジョブ0とジョブ2の処理の間に割り付けられます（図6.8）。

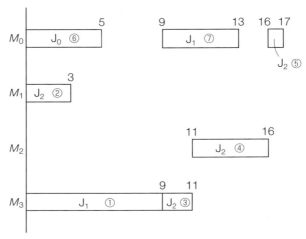

図 6.8　GTYPE から PTYPE への変換の例（3）

このようにしてすべての遺伝子座のジョブを割り付ければ、GTYPEからPTYPE（表現型）を得ることができます。

突然変異にはTSPと同じSwap Mutation（交換突然変異）を使用します。これはランダムに選んだ二つのジョブ番号を交換するものです（図6.9）。

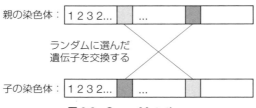

図 6.9　Swap Mutation

6.4 JSSP のための遺伝子型とオペレータ

交叉の設計には注意が必要です。これは致死遺伝子が生じるのを避けるためです。

ここでは以下のように処理を行います［平野 00］。

1. 親の染色体を選択する（図 6.10）。

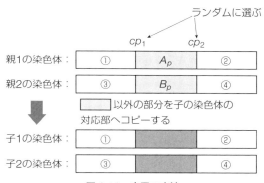

図 6.10　交叉の方法

2. 二つの交叉点 cp_1 と cp_2 を決め、それぞれの親染色体の cp_1 と cp_2 間を部分染色体 A_p, B_p とする。
3. A_p, B_p を除き、他の対応する遺伝子を子供の染色体へコピーする（①〜④に相当）。
4. A_p と B_p から次のステップに従って、子供の部分染色体 A_c と B_c を構成する（図 6.11）。
   (a) A_p と B_p に出現する同一遺伝子に印を付ける。
   (b) 子供の部分染色体へ、他の親の印が付けられている遺伝子の位置を保存して移す。
   (c) 残りの遺伝子については、同じ親からその順序を保存して移す。

第6章 進化計算でスケジューリングしてみよう

```
Step1：同一遺伝子に印（*）を付ける
親1： 1   7   3   3   1   5   4
      *   *   *   x1  x2  x3  *
親2： 2   7   3   1   4   7   6
      y1  *   *   *   *   y2  y3

Step2：印（*）の付いた遺伝子を子の部分
       染色体へ、位置を保存して移す
親1： 1   7   3   3   1   5   4
      *   *   *   x1  x2  x3  *
親2： 2   7   3   1   4   7   6
      y1  *   *   *   *   y2  y3

          ↓

子1： ―   7   3   1   4   ―   ―
子2： 1   7   3   ―   ―   ―   4

Step3：残りの遺伝子を移す
子1： 3   7   3   1   4   1   5
      x1  *   *   *   *   x2  x3
子2： 1   7   3   2   7   6   4
      *   *   *   y1  y2  y3  *
```

図 6.11　交叉の工夫

　この操作で致死遺伝子の発生を防ぐことができます。なお JSSP に対してはこの他にもさまざまな遺伝子型が提案されています［古川他 00］。

第7章

進化計算を
デザインに応用しよう

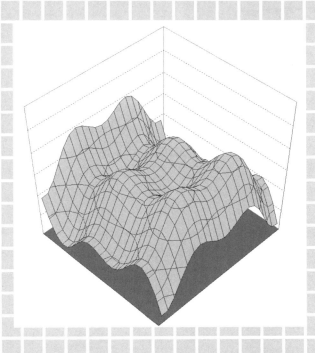

7.1 進化計算とデザイン

「部屋の雰囲気に合うようなテーブルを設計する」とか「不快感を与えないような携帯電話の着信音を合成する」といった問題を考えてみましょう（図7.1）。これらの問題を、板の大きさや色、シンセサイザの発振周波数やフィルタなどのパラメータの最適化と考えれば、進化計算を適用できそうです。ただし各個体の評価をどのように行うかが問題となります。適者生存の進化のしくみを可能にするには、それぞれの個体がいかに環境に適しているか、すなわち最適解にどのくらい近いかを評価しなければなりません。

図7.1 デザインの問題

たとえば、前章で説明した進化計算で巡回セールスマン問題の解を進化させる問題では、各個体が表現する解の精度（距離の逆数値）を適合度としています。同様に、あるテーブルが部屋の雰囲気に合っているかどうかをコンピュータに評価させることができるでしょうか？ 残念ながら、人間の好みや感性に基づく主観的な判断をモデル化しコンピュータ上に実装することは、非常に困難です。

これまではこのような問題に関して、人間の評価系をモデル化し、評価関数として用いるという手法がとられてきました。しかし、人間の好みや感性に基づく主観的な判断を完全にモデル化することは不可能です。こうした最適化すべき評価関数が陽に記述できたとすれば、おそらく問題はすでに解けていて探

索する必要はないでしょう。

 ところが、われわれの身近にはこのような判断を瞬時に行えるものがあります。それはわれわれ自身の脳です。そこで、人間の評価系そのものを評価関数として最適化システムに組み込む、すなわち人間が各個体を直接評価するという手法が考案されています。このように、人間の主観的な評価に基づいて最適化を行う進化計算を、対話型進化的計算手法（Interactive Evolutionary Computation, IEC）と呼んでいます。「感性工学」や「人間にやさしい技術」といったキーワードが示すように、人間の主観を扱う技術への関心が高まるにつれて、対話型進化論的計算も注目を集め始めています。

 対話型進化論的計算とは進化計算の適応度関数を人間に置き換えたものです（図7.2）。IECでは、集団内の各個体をあらかじめ定められた適合度関数によって評価するのではなく、ユーザが各個体を直接評価します。すなわち、各個体は環境にいかに適合するかではなく、利用する人間（ユーザ）にとっての「好ましさ」によって評価され、次の世代での生存度が決定されます。こうすることで、個人の好みや感覚などのユーザの主観に基づく評価系をモデル化することなく、ブラックボックスのままでシステム内に取り込むことができます。

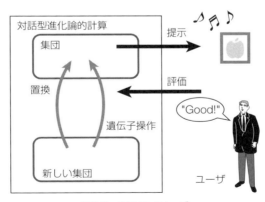

図7.2 　IECのイメージ

 従来の進化計算は、生命がその誕生から現在に至るまで何十億年もの間、繰り広げてきた生存競争の結果としての進化の歴史に発想を得ています。それに

第 7 章　進化計算をデザインに応用しよう

対して、IEC は人間が行ってきた農作物や家畜の品種改良にヒントを得た方法です。

　IEC を利用して植物（盆栽木）の CG 合成の Excel シミュレータ（treeIEC.xlsm）を作ってみました。図 7.3 はこのシミュレータの概観です。ユーザには八つの木が提示されます。そこから 2 本の木を選んでクリックすると、それを親として子供を生成します。このシステムを使っていると好みの画像を「育てていく」面白さを体験できます（進化の例は図 7.4 を参照）。木の生成のためのパラメータや色の指定が IEC における GTYPE となっています。

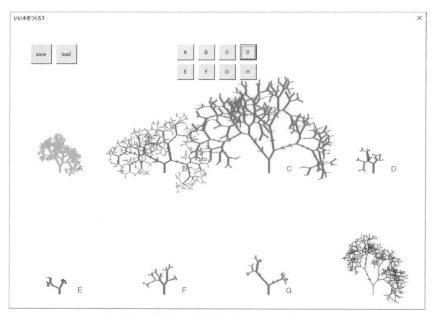

図 7.3　盆栽木の対話型進化シミュレータの概観

7.1 進化計算とデザイン

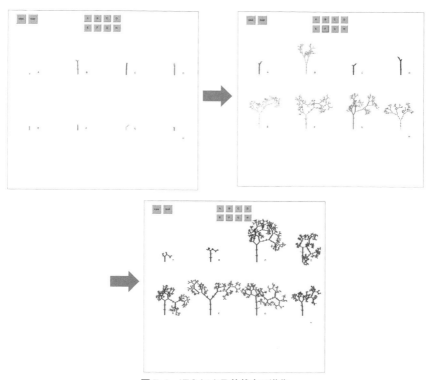

図 7.4　IEC による盆栽木の進化

このシミュレータでは L システムに基づいて木構造を生成します。L システムは、1960 年代に Aristid Lindenmayer により導入された、個体発生における細胞間の相互作用を記述する数学的モデルです。書き換え規則の適用により形態の変異（発生過程）を抽象化して記述します。たとえば次のような書き換え規則を考えましょう。

```
F -> F[+F][-F]
```

これは F を初期記号とすると、

(a) F[+F][-F]
(b) F[+F][-F][+F[+F][-F]][-F[+F][-F]]
(c) F[+F][-F][+F[+F][-F]][-F[+F][-F]][+F[+F][-F][+F[+F][-F]]

第7章 進化計算をデザインに応用しよう

[-F[+F][-F]]][-F[+F][-F][+F[+F][-F]][-F[+F][-F]]]

のような文字列を生成します。ここでFを枝、[と]を枝の分岐、+を左方向（+36°）への成長、-を右方向（−36°）への成長と見なします。するとこれらはそれぞれ図7.5（a）、(b)、(c)のような木の成長過程を表現します。

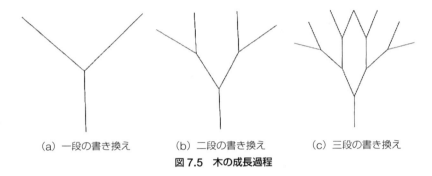

(a) 一段の書き換え　　(b) 二段の書き換え　　(c) 三段の書き換え

図7.5　木の成長過程

さらに複雑なルールを付け加えることで、より現実的な木を描画することもできます（図7.6）。たとえば図7.6（b）では、

F -> FF+[+F-F+F]-[-F+F-F]

のような書き換え規則を用いています。ただし+、-の回転は25°です。Lシステムは、生物の成長過程やフラクタルの記述を容易にすることから、CGアニメーションなどに盛んに応用されています。コンピュータで描いたとは思えないほどリアルな画像を得ることもできます。このExcelシミュレータでは、Lシステムの角度、枝の繰り返しなどのパラメータをGTYPEとして記述して対話型に進化させています。

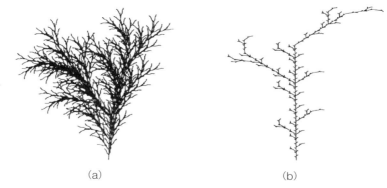

図 7.6　L システムによる木

7.2 IEC と形態の進化

「利己的遺伝子（selfish gene)」の考え方で知られるリチャード・ドーキンス（Richard Dawkins）は、1986 年に発表した著作『盲目の時計職人（ブラインド・ウォッチメーカー）』[Dawkins 93] の中で IEC について述べています。そこでは、簡単な生成規則に従って描かれた形態（バイオモルフと呼ばれています）が、その規則の突然変異とユーザの選択による自然淘汰によって非常に複雑で興味深い形態へと進化したことが示されています（図 7.7）。IEC が提案するユーザの選択による創造という新しい手法に、ドーキンスに触発された多くのアーティストや研究者が飛びつきました。

ここでは簡単な形態進化のシミュレーションを用いて、IEC の実験をしてみましょう。なお次のプログラム（BUG_cygwin）は Joshua R. Smith の BUGS をもとに作成したものです。

第 7 章 進化計算をデザインに応用しよう

図 7.7　バイオモルフ

このシミュレーションでは各世代は雄と雌の集団（各々 12 匹の虫）からなります。初期世代の虫がランダムに生成されます。ここでユーザ（つまり創造主）は、次の世代を生むべき親をそれぞれ雄、雌の集団から選択します。図 7.8 はこのシステムの初期世代を示しています（この図はこのプログラムの右の大きなウィンドウ（Display Window）で、虫の状態を示しています）。上の 12 個の個体（3×4）が雄の集団、下の 12 個の個体（3×4）が雌の集団です。

説明のために 12 匹の虫の集団を以下のように番号付けましょう。

雄（male）			
m0	m1	m2	m3
m4	m5	m6	m7
m8	m9	m10	m11
雌（female）			
f0	f1	f2	f3
f4	f5	f6	f7
f8	f9	f10	f11

中ほどにあるウィンドウ（Menu Window）を用いて親になる個体を選択します。

7.2 IEC と形態の進化

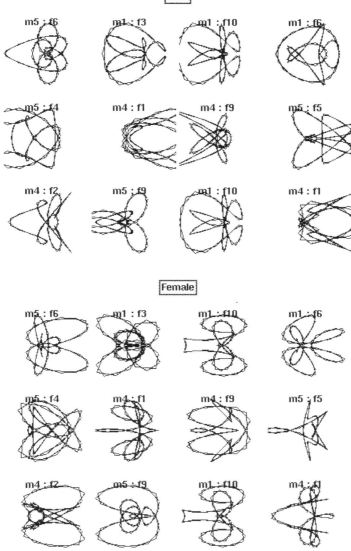

図 7.8　形態進化のシミュレータ（初期世代）

第7章　進化計算をデザインに応用しよう

　このプログラムのしくみを説明しましょう。各々の虫の遺伝子（長さ $2n$）は、2次元の X 座標と Y 座標の描画をコントロールするフーリエ係数（A_1, A_2, $\cdots$, A_n, B_1, B_2, $\cdots$, B_n）となっています。このとき、

$$X = \sum_{i=1}^{n} A_i \cos(i \times t) \tag{7.1}$$

$$Y = \sum_{i=1}^{n} B_i \sin(i \times t) \tag{7.2}$$

に従って t を動かしながら虫の形態を描画します。ただし、このプログラムでは $n=8$ です。虫が線対称なのは三角関数の周期性によります。

　このシステムでは、雄と雌のつがいから雄の子供と雌の子供がそれぞれ1匹ずつ生み出されるようになっています。子供の遺伝子は、親の遺伝子に通常の進化計算の交叉や突然変異を作用したものです。

　たとえば、次のような基準で親を選び出して実行してみましょう。

1. 雄親はできるだけ丸いものを選ぶ。
2. 雌親は同確率でランダムに選ぶ。

　図7.8の初期世代に対しては、雄親として m1, m4, m5 を選んでいます。雌親はランダムに選びます（Menu Window の「Reset」をクリックする）。これらの虫を親に選んで交配させて第2世代を生ませる（Menu Window の「Next」をクリックする）と、図7.9のようになります。各個体の上に書かれている表示（mi：fi）は、その個体の雄親（mi）と雌親（fi）を示します。たとえば、第2世代の m0 は、第1世代の雄親 m5 と雌親 f6 から生まれています。今度は、丸に近い雄親として m1, m2, m3, m10 を選んで実行すると図7.10の集団を得ます。以下同様にして丸に近い雄親を選び、雌親はランダムに選んで交配を続けていった結果、数十世代後には図7.11のような集団が得られました。その結果、多くの雄親の形状は丸身を帯びた特徴を持っていました。

7.2 IEC と形態の進化

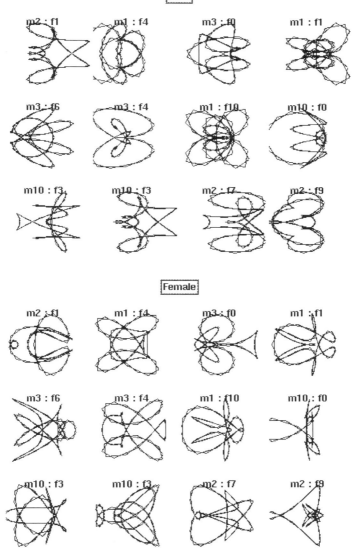

図 7.9 第 2 世代の様子

第7章　進化計算をデザインに応用しよう

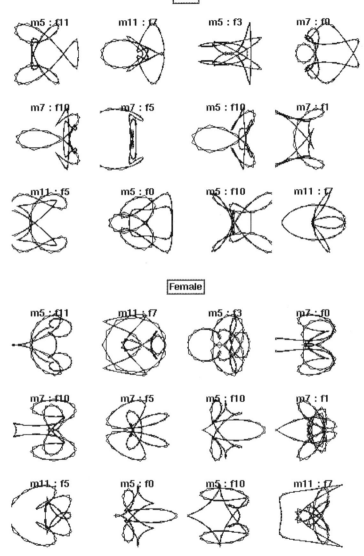

図 7.10　第 3 世代の様子

7.2 IEC と形態の進化

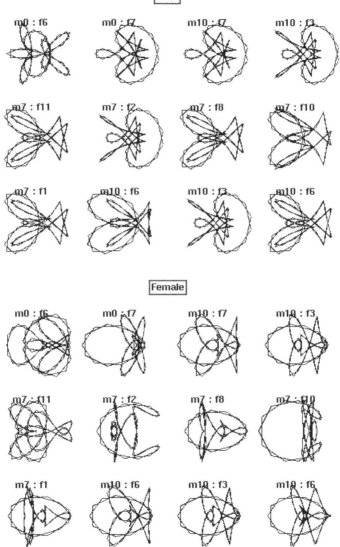

図 7.11 数十世代たった虫たちの様子

第 7 章 進化計算をデザインに応用しよう

　この例に見られるように、人為的に選択を繰り返すことで望みの構造物が得られる場合があることがわかります。さらに雄に対する雌の好みによる選択を通じて、雄の形状が急速に変化することが観測されます。このように、雌の選り好みによって進化が加速する現象は、性選択として生物学の分野では広く知られています。「まえがき」で紹介した孔雀の羽はその最も有名な例です。

　ところで、ドーキンスの『盲目の時計職人（ブラインド・ウォッチメーカー）』について説明しましょう。

　森の中で石が落ちていても、そこにあることは疑問になりません。しかしそれが時計だとしましょう。その場合には、誰かがそれを落としたと考えるはずです。つまり時計を作って置いた意図を持つもの（時計職人）が必ずいるはずです。同じように、生物（の体や機能）は精巧に最適化されているので、生物は誰か（神？）によって明確な意図を持ってデザインされたと考えたくなります。この考え方を自然神学と呼びます。

　しかしそうではなく、ドーキンスらの進化論者は自然選択が時計職人の役割を果たしたことを精力的に論証しています。

　自然淘汰は視野も意図も持っていない、いわば盲目の時計職人です。しかしながら、長い時間をかけると眼などの複雑な生体構造すらも進化することが示されています。バイオモルフのプログラムではその進化の一端を見ることができます。

　これらの詳細は［伊庭 06］［伊庭 15］を参照してください。

7.3 IEC で壁紙を作ろう

IECに基づくグラフィックアートの例として2次元画像生成システムSbart [Unemi 99]があります。Sbartでは、変数 x, y を含む3次元のベクトル演算式に基づいて描画を行います。画像上の各点（ピクセル）の X 座標、Y 座標を式に代入して得られた値を描画情報に変換することで、サイケデリックで美しい2次元画像が生み出されます（図7.12）。具体的には、代入して得られた関数値ベクトルの各成分を、HSB色空間のHue（色相）、Saturation（彩度）、Brightness（明度）にそれぞれ対応付けて塗っています。また、別のパラメータとして時間 t を導入することで、時間経過に伴って変化する動画（ビデオアート）を生み出すことも示されています。

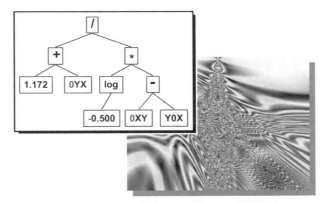

図 7.12　Sbart で生成された画像とその遺伝子型

筆者らの研究室では、Sbartを参考にしたシミュレータLGPC for Art（Leaf.exe）を公開しています（図7.13、入手場所は9.1節を参照）。これを使用して好みの画像を「育てていく」面白さを体験してください。実際に筆者は、プロのデザイナが数日かかるカメラレディのイメージ作成作業を、このシミュレータで数時間以内に完成した経験があります。

第7章 進化計算をデザインに応用しよう

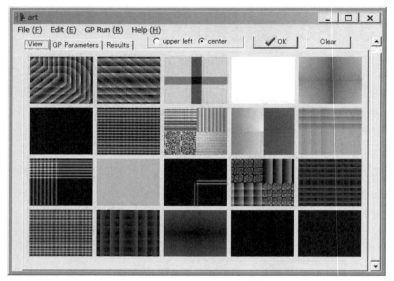

図 7.13 LGPC for Art の概観

LGPC for Art の基本的な使い方は以下の通りです。

1. 「View」タブの 20 個の Window に表示された絵の中で気に入ったものがなければ、「Clear」ボタンをクリックします。これによってすべての Window が初期化されます。
2. 表示された絵で気に入ったものがあれば、それをクリックして選択します（枠が赤くなります）。いくつでも選択できます。
3. 「OK」ボタンをクリックすると、選択した絵を親候補として次世代の遺伝子集団が生成され表示されます。
4. 1 〜 3 を繰り返します。

途中で気に入った遺伝子を Save したり（「Gene_Save」コマンド）、以前に Save した絵を Load し表示されたものと交換できます（「Gene_Load」コマンド）。このために「View」タブに表示された 20 個の Window には番号が付いています（一番左上が No.1、左から右に、上から下に No.20 まで）。

「GP Parameters」タブでは次のパラメータ設定や表示がされます（図 7.14）。

7.3 IECで壁紙を作ろう

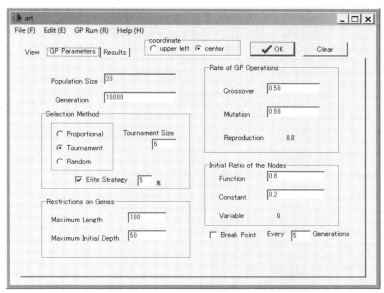

図7.14　LGPC for Art のパラメータ設定

- coordinate：表現型を表示する際の座標原点を決めます。「upper left」とすると枠の左上に、「center」とすると枠の中心に原点を設定します。「center」を選ぶと、上下左右対称になりやすいことに注意してください。
- OK：一つ以上の絵を選択している場合のみ可能です。このボタンをクリックすると、選択された絵の遺伝子を親候補とした世代交代が行われ、次世代が生成・表示されます。
- Clear：絵が選択されていない場合のみ可能です。このボタンをクリックすると、遺伝子集団が初期化されます。

この他のパラメータやシミュレータ内部の詳細については［伊庭05］を参照してください。

7.4 望みの楽曲を進化させよう

望みの楽曲を作ってみましょう。ここでは、楽曲情報をテキストで記述するプログラム MML (Music Macro Language) を対話的に進化させます（この詳細は 8.4 節で説明します）。

図 7.15 は対話型進化システム MML Supporter (`mml_supporter.exe`) の概観です。ユーザが設定する項目は、テンポ、調号、音色のみです。このシステムは実行に際して特殊な環境を想定していないので、Windows 上で容易に実験することができます。

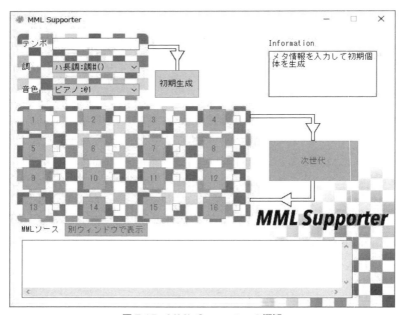

図 7.15 MML Supporter の概観

テンポは自然数で入力します。調号については、ドロップダウンリストの15種類（ハ長調、ト長調〜嬰ハ長調）から選択します。音色にはピアノ、オルガン、ギター、琴などの12種類があります。楽器名の後ろに付いている「＠番号」は、MIDI規格における楽器指定番号です。

「初期生成」ボタンをクリックすることにより、初期集団の16個体がランダムに生成され、MMLファイル形式として保存されます。

初期集団が生成されると、画面中央の1〜16のボタン、チェックボックスおよび「次世代」ボタンが有効になります。各数字のボタンをクリックするとその個体番号のMMLが演奏され、演奏中のMMLコードは画面下部のMMLソース欄に表示されます。「別ウィンドウで表示」ボタンをクリックすると、MMLコードが別ウィンドウで表示され、この画面ではMIDI形式での保存が可能となります。

16の楽曲を聴いて、気に入った四つの個体のチェックボックスを入れましょう。そして「次世代」ボタンをクリックすると、選ばれた4個体を親として交叉と突然変異による生殖が実行されます。世代交代に関しては、4個体のうちすべての組み合わせについて生殖がなされます。つまり、一度の生殖で新たな2個体の子供が生成され、合計12個の個体が新たに生まれます。

親として使用した4個体と、子である12個体が新たな世代となります。つまり再び合計は16個体です。新世代では、親個体は個体番号1〜4が割り当てられます。個体番号5〜16は新たに生まれた個体です。

この操作を繰り返して、楽曲を進化させます。現在の世代数は「Information」欄に表示されています。最初からやり直したい場合は、「初期生成」ボタンをクリックしましょう。望む個体（楽曲）が出現した時点でMIDIファイルとして保存しておけば、後に一般的な音楽再生ソフトで再生可能です。また、MMLのプログラムはテキストファイルなので、そのままメモ帳などで開いて確認することもできます。

(a) 生成されたフレーズ

(b) リピート構造とフレーズ解析

図 7.16 対話型に進化した楽曲例

　MML Supporter で生成した楽曲の例を、図 7.16（a）に示します（五線譜に変換したもの）。これは、テンポ 128、ト長調として対話的に進化させた第 7 世代での個体の一つです。4/4 拍子にして 7 小節ほどのフレーズが演奏されています。五線譜からは、いくつかのリピートが存在していることがわかります。図 7.16（b）において同じ色で囲った範囲（A〜E）は同じ音程です。

　このフレーズは

　　AABDDE または CCDDE

と書けます。このように、4 拍子と 2 拍子を組み合わせて一つの楽曲フレーズとするようなアレンジが可能となっています。

7.5 IECの有効性

IECを用いた設計には次のような利点があります。

- 操作が容易：専門的な知識を必要とせず、単に好みを入力すればよいのです。
- 合成の予想が可能：交叉により親の部分構造を組み合わせて子孫をつくり出すので、安心して操作できます。
- 意外な発見：突然変異のために必ずしも予想通りではなく、思ってもみなかった構造が生じることがあります。

このようにして、しばしば驚くべき発見をしながら設計過程を楽しむことができます。このときユーザは創造の枠内に取り込まれています。逆に言えば、ユーザ自身が思いもよらなかった発見をさせられることにより、自分の頭の中のアイディアを整理したり修正することができるでしょう。こうしたデザインのプロセスは、発想支援として人工知能の分野で幅広く研究されています。IECは発想支援の新しいアプローチとしてきわめて有効であり、デザインやアートにおける実用的な応用が数多く発表されています。

第III部

進化計算の発展

第8章

GAからGPへ

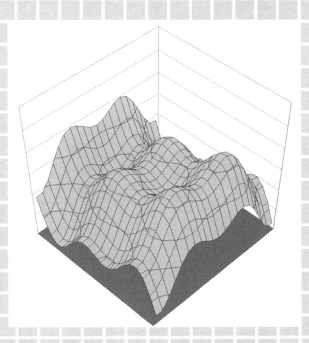

第8章 GAからGPへ

8.1 プログラムを進化させるとは？

　遺伝的プログラミング（Genetic Programming, GP）は、遺伝的アルゴリズム（GA）の考え方を応用して、プログラムの自動生成や人工知能（学習、推論、概念形成など）を実現するものです。このために、木やグラフなどの構造的な表現を扱えるように遺伝子型を拡張しています。図8.1はGPのイメージ（プログラムやロボットの進化する様子）を示しています。つまり、GPではプログラムを進化させて目的とするロボットの制御や構造物の設計を試みます。

　一般に木構造はLispのS式で記述できるので、GPでは遺伝子型としてLispのプログラムを扱います。Lispは人工知能の分野で広く使われている関数型のプログラミング言語です。ただしLispについて知らなくても問題ありません。プログラムが木構造の形式で表されることを理解していれば大丈夫です（フローチャートなどを思い出してください）。

　木はサイクルを持たないグラフのことです。たとえば、

のような構造をいいます。木構造は括弧付きの表現で記述できるので、たとえば上の木は、

```
(A (B)
   (C (D)))
```

もしくは簡略化して、

```
(A B
   (C D))
```

となります。この表記法を（Lispの）S式表現といいます。以降では木構造とS式を同一視します。なおこのような木構造に関して、次の用語を用います。

8.1 プログラムを進化させるとは？

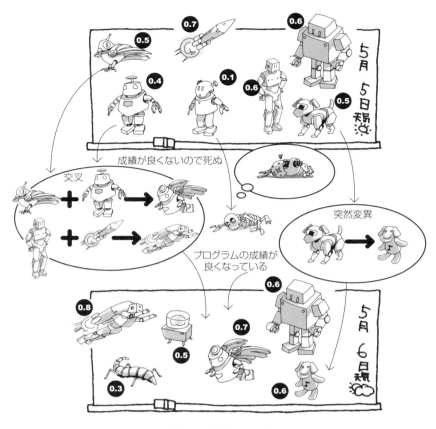

図 8.1 GP のイメージ

- ノード：記号 A，B，C，D のこと
- 根（ルート）：A
- 終端ノード：B，D（終端記号、葉ともいう）
- 非終端ノード：A，C（非終端記号、S 式の関数記号ともいう）
- 子供：A にとっての子供は B，C（関数 A の引数ともいう）
- 親：C にとっての親は A

「子供の数」、「引数の数」、「孫」、「子孫」、「先祖」などという言葉も適宜使用していきます。それらの意味は容易に想像がつくので説明は省略します。

第8章 GAからGPへ

さらに木に対する遺伝的オペレータとして、

1. ノードのラベルの変更
2. 兄弟の並べ換え
3. 部分木の取り換え

を導入します。これらは、1次元文字列（やビット列）を対象とする従来の遺伝的オペレータの自然な拡張です。

オペレータを Lisp の表現木（S式）に適用した例を、図 8.2 に示します。また、S表現を以下に示します。オペレータの適用部位には下線を付しています。

Gmutation　親：(+x y)
　　　　　　　↓
　　　　　　子：(+x z)

Ginversion　親：(progn (incf x) (setq x 2) (print x))
　　　　　　　　↓
　　　　　　子：(progn (setq x 2) (incf x) (print x))

Gcrossover　親₁：(progn (incf x) (setq x 2) (setq y x))
　　　　　　親₂：(progn (decf x)
　　　　　　　　　　　　(setq x (* (sqrt x) x)) (print x))
　　　　　　　　　↓
　　　　　　子₁：(progn (incf x) (sqrt x) (setq y x))
　　　　　　子₂：(progn (decf x)
　　　　　　　　　　　　(setq x (* (setq x 2) x)) (print x))

8.1 プログラムを進化させるとは？

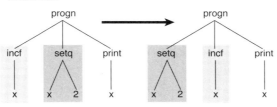

図 8.2 GP の遺伝的オペレータ

第8章 GAからGPへ

このオペレータの適用によってプログラムがどのように変化するかを表8.1にまとめました。なおprognは引数を順番に実行する関数で、最後に評価した引数の値を返します。またsetq関数は第1引数の値を第2引数の評価値に設定します。表から、突然変異がプログラムの動作をわずかに変化させること、交叉が各親の部分プログラムの動作を交換させていることがわかります。遺伝的オペレータの作用によって、親のプログラムの性質を継承しつつ、子供のプログラムが生成されています。

表8.1 GPオペレータによる表現型の変化

オペレータ	適用前のプログラム	適用後のプログラム
突然変異	xとyを加える	xとzを加える
逆位	1. xに1を加える	1. xに2を設定する
	2. xに2を設定する	2. xに1を加える
	3. x（=2）を印刷し、2を返す	3. x（=3）を印刷し、3を返す
交叉	親$_1$：	子$_1$：
	1. xに1を加える	1. xに1を加える
	2. xに2を設定する	2. xの平方根をとる
	3. yにx（=2）の値を設定し、2を返す	3. yにxの値を設定し、その値を返す
	親$_2$：	子$_2$：
	1. xから1を引く	1. xから1を引く
	2. xに$\sqrt{x}$×xの値を設定する	2. xに2を設定し、その値（=2）にxの値（=2）を掛けた値（=4）を再びxに設定する
	3. xの値を印刷し、その値を返す	3. xの値（=4）を印刷し、4を返す

これらの遺伝的オペレータの適用は確率的に制御されます。GPのアルゴリズムは、遺伝的オペレータが構造的表現を操作するという点を除いて通常のGAと同一です。上述のオペレータの作用によって、元のプログラム（構造表現）が少しずつ変化します。そしてGAと同様の選択操作により、目的となるプログラムを探索します。

GPでは次の五つの基本要素を設計することで、さまざまな問題への適用が可能になります。つまり、

8.1 プログラムを進化させるとは？

1. 非終端記号（関数記号）
2. 終端記号（関数の引数となる定数や変数）
3. 適合度
4. パラメータ（交叉、突然変異の起こる確率、集団サイズなど）
5. 終了条件

です。このうち3〜5は通常のGAでも設定していました。したがって、GPで特別なのは1と2だけになります。非終端記号とは木構造をつくるときに中間ノード（末端以外のノード）になるもの、終端記号とは末端以外のノードになるもののことです。

たとえば表8.1のプログラムでは、終端ノードTと非終端ノードFは次のようになります。

```
T={x, y, z}
F={+, progn, incf, decf, setq, sqrt, print}
```

GPの初期化の際には、これらのTとFからランダムにノードを選んでGTYPE（= 木構造のプログラム）を生成します。

8.2 ロボットのプログラムを進化させよう

ロボットのプログラムを GP で進化させてみましょう。ここで壁に沿うロボットのプログラムを考えます。壁際にはほこりがたまりやすいので、これは掃除ロボット（図8.3）のためのプログラムとも見なせるでしょう。

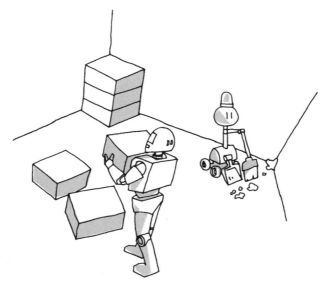

図 8.3　掃除ロボット

図8.4を見てください。不規則（対称ではない）な部屋にロボットが置かれています。ロボットには、前に動く、右に回る、左に回る、という三つの行動が可能です。また360°をカバーする視覚センサーが備えられています。

8.2 ロボットのプログラムを進化させよう

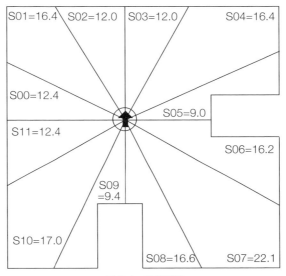

図 8.4 実験環境

ロボットの目的は、与えられた時間内に部屋の不規則な壁に沿ってできるだけ移動する（＝掃く）ことです。

こうしたロボットのプログラムは、Lisp 言語で容易に書くことができます。そこで、GP を用いて壁に沿う行動計画（wall following problem）の適応学習を実現してみましょう。

ロボットには 12 のソナーセンサーがあります（S00 から S11）。さらにロボットに許される行動は、直進、後退、左回り（+30°）、右回り（-30°）の 4 通りです。GP で学習を行うために、次のように終端記号 T を定めます。

T={S00, S01, …, S11, SS, MSD, EDG}

ただし、S00, S01, …, S11 は 12 の距離センサーの出力値、SS はそれらの最小値です。また MSD は最小安全距離（minimum safe distance）で、EDG は縁までの距離（edging distance）です。

非終端記号 F は、

F={TR, TL, MF, MB, IFLTE, PROGN2}

とします。TR（TL）はロボットを30°右（左）に回転させる関数、MF（MB）はロボットを1フィート前進（後退）させる関数です。これらの関数は引数をとりません。関数の実行には1単位時間かかり、実行後にセンサーの値は動的に変更されます。さらに適切な制御関係を学習するため、二つの関数を導入します。IFLTE（if-less-than-equal）は4引数をとり次のように解釈されます。

(IFLTE a b x y) ⇒ a≦bならxを実行し返す。
a＞bならyを実行し返す。

PROGN2は2引数をとり、順に実行して第2引数の値を返します。ロボットは、400単位時間をGTYPEの示すプログラム通りに行動します。その際に、図8.5に示した56個のタイルのうちロボットが通過した割合を適合度としましょう。

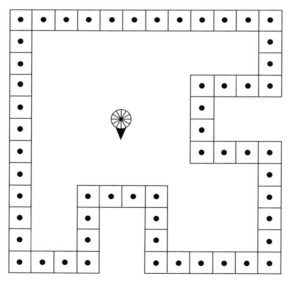

図8.5　56枚のタイル

この実験では集団数を1 000とし、交叉率を90%とします。図8.6、図8.7、図8.8、図8.9は実験の結果を示しています。世代ごとの最良プログラムのロ

8.2 ロボットのプログラムを進化させよう

ボットの軌跡が表示されています。図 8.9 に示すように、世代 57 ですべてのタイルを通過するプログラムを獲得しています。ここで得られたプログラムは図 8.9 に示されています。図のプログラムは少しの環境の違い（椅子の位置が若干変わるなどの部屋の変化）に対してもある程度的確に働きます。このような性質を頑強性といいます。こうしたプログラムを人手であらかじめ書くことは容易ではありません。それに対して、GP では適切なプログラムを効果的に探索できるのです。

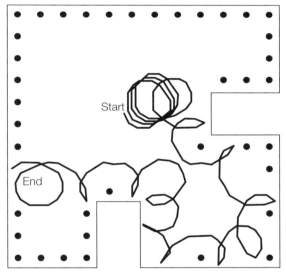

```
(IFLTE (PROGN2 MSD (TL))
       (IFLTE S06 S03 EDG (MF))
       (IFLTE MSD EDG S05 S06)
       (PROGN2 MSD (TL)))
```

図 8.6　世代 0 の最良プログラム

第 8 章　GA から GP へ

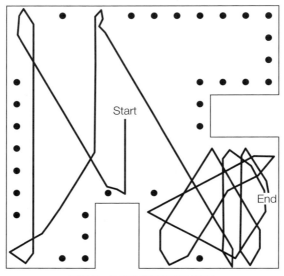

図 8.7　世代 2 の最良プログラム

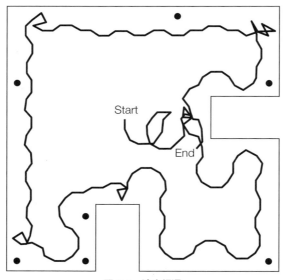

図 8.8　途中経過

8.2 ロボットのプログラムを進化させよう

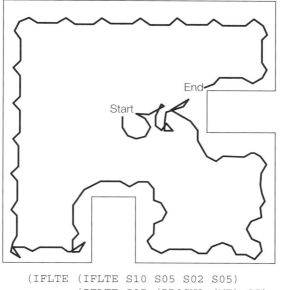

```
(IFLTE (IFLTE S10 S05 S02 S05)
       (IFLTE S07 (PROGN2 (MF) SS)
          (PROGN2 (TL) (MB))
          (IFLTE S01 EDG (TR) (TL)))
   *
(IFLTE (IFLTE S07 (PROGN2 (MF) SS)
          (PROGN (IFLTE SS EDG (TR) (TL))
                 (MB) (TL) (MB))
          (IFLTE S01 EDG (TR) (TL)))
       SS
   (IFLTE (PROGN2 (TL) (TR))
          (PROGN2 (IFLTE S02 (TL) * (MB))
                 (TL))
       (MF)
       (TL))
   (IFLTE SS EDG (TR) (TL))))
```

図 8.9 世代 57 の最良プログラム

GP による Wall Following シミュレータ（WallFollowing.exe）が提供されています（図 8.10、入手場所は 9.1 節を参照）。

第8章 GAからGPへ

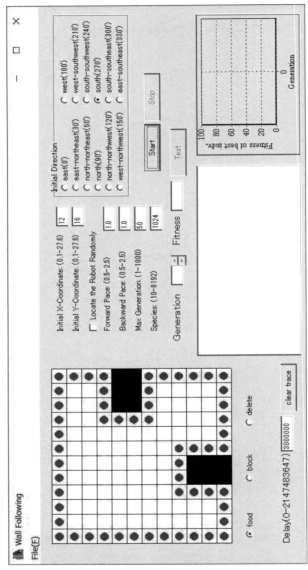

図 8.10 Wall Following シミュレータ

8.2 ロボットのプログラムを進化させよう

このシミュレータの目的は、障害物のある部屋の中で、壁に沿って動くロボットのプログラムを得ることです。

主なテキストボックスの使い方、入力方法は以下の通りです。

- File メニュー：進化させた遺伝子を保存したり、読み込むことができます。
- 左に表示されるフィールド：この領域をロボットが動きます。緑の丸は餌（ロボットの通るべき場所）を、黒い部分は障害物を意味します。また、ロボットが餌の上を通過するとそのマスは紫で塗りつぶされます。ロボットの軌跡については、青色が前進したことを、赤色が後退したことを示します。

  以下のラジオボタンをチェックすると、それらの設定・削除の操作ができます。

    food：餌（ロボットの通るべき場所）を配置します。
    block：障害物を配置します。
    delete：配置物を削除します。

- Delay：この値が大きいほどロボットの軌跡表示が遅くなります。
- clear trace：フィールド上における、ロボットの軌跡を消去します。
- パラメータ設定

    Initial X(Y)-Cordinate：ロボットの初期座標。
    Initial Direction：ロボットが最初に向く方向。30°ごとに設定できます。
    Locate the Robot Randomly：上記の設定を無視し、ロボットの初期位置をランダムに決定します。
    Forward(Backward) Pace：前進、後退の歩幅。
    Max Generation：指定した世代まで進化させます。
    Species：GP の個体数。

- Start, Stop：進化を開始、停止させます。

実行を開始すると、最良個体の適合度が右下のグラフに世代ごとに表示されます（図 8.11）。

第 8 章 GA から GP へ

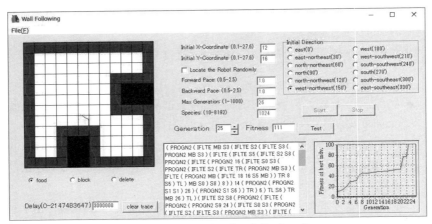

図 8.11　Wall Following シミュレータ

　また実行が終了するか、もしくは「Stop」ボタンをクリックすると、「Generation」コンボボックスに設定した世代における最良個体の遺伝子の適合度と S 式が中央下に表示されます。このとき、「Test」ボタンをクリックするとテストデータでの軌跡を見ることができます。

　上記の「food」、「block」、「delete」ラジオボタンで訓練データを修正すれば、テストデータを設定できます。

　このシミュレータを用いてさまざまな地図上でロボットのプログラムを進化させてみましょう。得られたプログラムは少しの環境の違い（ロボットの初期位置の変化、箱の位置の変化）に対してもある程度的確に働くことを、テストデータを用いて確認してください。

8.3 デザインのからくり

7.3節ではIECによる壁紙（抽象画）のデザインについて説明しました。実は、このシステムは遺伝的プログラミングに基づいて画像を生成しています。以下ではこのしくみについて説明しましょう。

このシミュレータLGPC for Art（Leaf.exe）では、画像中のX-Y座標を入力として、その位置に描く点の色（RGB情報のベクトル）や輝度を出力とする関数を遺伝子とします。「Results」タブをクリックしてください。すると図8.12のような画面が表示されます。

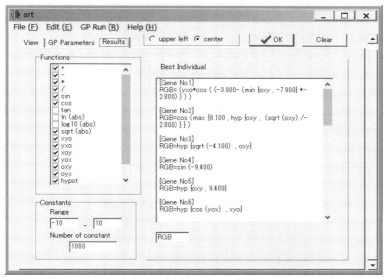

図8.12 「Results」タブ

「Functions」の部分では、終端記号と非終端記号を設定できます（図8.13）。

第8章 GAからGPへ

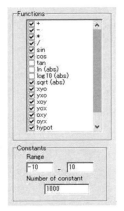

図 8.13　Functions

　ここでは遺伝的プログラミングの関数記号として通常の四則演算の他に、sin, cos, hypot, pow, max, min などの関数を用いています。ただし hypot(x, y) = $\sqrt{x^2+y^2}$ です。また終端記号は画面の座標を表す変数 x, y とランダムに生成される定数です。チェックすると、その関数や記号を用いて GP の探索が実行されます。「Constants」の部分では終端記号として使う定数の範囲と刻みを設定します。

　右の「Best Individual」の部分には、各画像の遺伝子型が表示されています（図 8.14）。

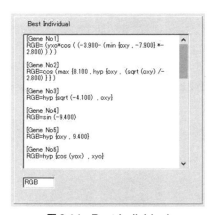

図 8.14　Best Individual

228

これは前述の S 式による表現となっています。
たとえば図 8.15 の画像の遺伝子は、

(a) の RGB 関数 $= \mathrm{hyp}(yox, \max(xoy, -7.900)*(-8.400)))$

(b) の RGB 関数 $=$

$$\min\left(\frac{7.600}{\cos\left(\sin\frac{\mathrm{hyp}\left(\frac{oyx}{\sin oxy}, xyo\right)}{\min\left(\frac{xoy}{\mathrm{hyp}(xyo, -2.100)}, oxy\right)*\mathrm{hyp}\left(yox, \frac{\sqrt{xyo}}{oyx}\right)}\right)}, xyo\right)$$

$$+\frac{-3.800}{-8.400*\sqrt{5.100*\sin(\cos(6.700))}}$$

のようになります。

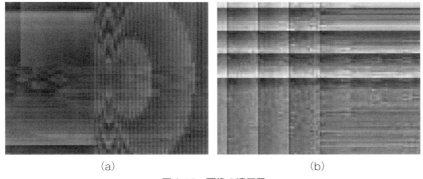

(a) (b)

図 8.15 画像の遺伝子

(終端記号(xoy, yox など)は RGB 値を求めるときの変数の選択を示します。たとえば xoy の場合、

R 値を求めるときには x の値を、
G 値を求めるときには 0(ゼロ)の値を、
B 値を求めるときには y の値を、

代入することになります。したがって、上の(a)に対しては、

$$\text{R の関数} = \text{hyp}(y, \max(x, -7.9000)*(-8.400)))$$
$$\text{G の関数} = \text{hyp}(0, \max(0, -7.9000)*(-8.400)))$$
$$\text{R の関数} = \text{hyp}(x, \max(y, -7.9000)*(-8.400)))$$

となります。

x, y にさまざまな値（画面の座標値）を代入することで複雑な画像が生成されるのがわかるでしょう。この表現型を見ながら、遺伝的プログラミングと対話型進化手法に基づいて、画像を進化させていきます。進化した結果の遺伝子型（数式表現）は、上で述べたように「Results」タブの画面で見ることができます。

8.4 楽曲進化のしくみ

7.4 節で説明した対話的な楽曲進化 MML Supporter（mml_supporter.exe）も、GP に基づいています。このシステムでは、Music Macro Language（MML）を GTYPE に用います。MML はコンピュータにおいて音楽を表現するためのテキストファイルのデータ形式です。MIDI ファイルと同様に、「どのタイミングで、どの音色で、どれくらい長く音を鳴らすか」を指示します。MML から MIDI への変換も可能です。本システムでは MML の実装にフリーソフト「テキスト音楽サクラ」[サイト 00] を使用しています。

MML と MIDI の最大の相違点は、テキストファイルであるということです。さらに MML では、関数プログラムを自由に記述できます。そのため、MIDI よりも幅広い表現が可能となっています。MML Supporter の画面下部の「MML ソース」欄（図 8.16）には、MML のプログラム（テキスト形式）が表示されます。

8.4 楽曲進化のしくみ

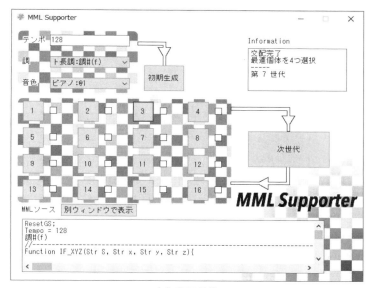

(a) 第7世代

(b) MML ソースを別ウィンドウで表示

図 8.16 MML Supporter

第8章 GAからGPへ

このシステムでは、問題を簡約化するために次の二つの制約を課しています。

- 音の長さは8分音符で固定
- 2オクターブのみを使用

音の長さは、休符を用いて表現できます。8分音符で固定して音の長さを省略できるので、GPでは音名操作のみを考えればよいことになります。また、オクターブ変化命令が頻出すると聴くに堪えない楽曲が生成されるので、2オクターブのみとしています。

したがって、GPの終端記号には以下の15種類の音名と休符（r）を用います。

```
c d e f g a b `c `d `e `f `g `a `b r
```

ここではドレミファソラシは、

```
c d e f g a b
```

で表現します。`は1オクターブ高い音を意味します。

非終端記号（関数記号）には、接続、繰り返し、条件分岐の3種類を使用します。

- 接続：二つの演奏情報を接続する。引数は二つである。
    ```
    #Concatenate(#1, #2)
    ```
- 繰り返し：引数を一つとり、それを繰り返し演奏する。
    ```
    #Repeat(#1)
    ```
- 条件分岐接続：文字列Sの最後が文字列xならば、Sに文字列yを接続して返す。違えばSに文字列zを接続して返す。引数を四つ持つ。
    ```
    IF_XYZ(Str S, Str x, Str y, Str z)
    ```

たとえば、

```
IF_XYZ({#Repeat(IF_XYZ({c},{f},{#Repeat({d})},{g}))},{g},
{#Concatenate({#Concatenate({r},{a})},{#Repeat({r})})},{c})
```

8.4 楽曲進化のしくみ

という MML コードを考えましょう。木構造で表すと図 8.17 のようになります。このプログラムでは、左下の IF_XYZ で生成された文字列が Repeat で繰り返され、それが最上段の IF_XYZ の入力となります。その入力の最後の 1 文字は g なので、Concatenate された文字列が接続されます。この後の処理が同様に進むと、最終的に、

```
c g c g r a r r
```

という演奏情報が得られます。

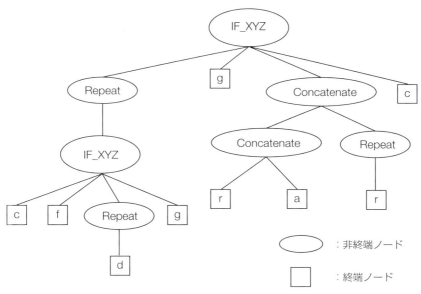

図 8.17　MML における遺伝子プログラム例

MML Supporter を用いて対話的に進化させた第 7 世代での個体の GTYPE の例は以下のようになりました。

```
#Concatinate({#Concatinate({#Concatinate(IF_XYZ(IF_XYZ(IF_XYZ({#Repeat(IF_XYZ
({#Concatinate(IF_XYZ({r },{`f },{r },{`c }),IF_XYZ({#Repeat({#Concatinate
({#Concatinate({`c },{e })},{#Concatinate({b },IF_XYZ({#Concatinate({r },
{#Concatinate(IF_XYZ({a },{r },{`a },{g }),{r })})},{d },{#Concatinate
({r },{#Concatinate({#Concatinate({`e },{`g })},{r })})},{`c })})})},
{`c },{#Concatinate({b },{r })},{`f })})},{`c },{#Concatinate({r },{#Concatinate({e },
```

第 8 章　GA から GP へ

```
{r })})},{`d }))},{d },{b },{e }),{g },{#Repeat({#Concatinate(IF_XYZ({#Repeat({d })},
{b },{#Concatinate({#Concatinate(IF_XYZ(IF_XYZ(IF_XYZ({#Repeat(IF_XYZ(
{#Concatinate(IF_XYZ({r },{`f },{r },{`c }),IF_XYZ({#Repeat({#Concatinate(
{#Concatinate({`c },{e })},{#Concatinate({b },IF_XYZ({#Concatinate({r },
{#Concatinate(IF_XYZ({a },{r },{`a },{g }),{r })})},{d },{#Concatinate(
{r },{#Concatinate({#Concatinate({`e },{`g })},{r })})},{`c })})})},{`c },
{#Concatinate({b },{r })},{`f })},{#Concatinate({#Concatinate({#Concatinate({b },
{g })},IF_XYZ({`d },{`c },{`d },{`d })),{#Concatinate({#Concatinate({f },
{`g })},{#Concatinate({b },{`g })})})},{#Concatinate({r },{#Concatinate({e },{r })})},
{`d })},{d },{b },{e }),{g },{#Repeat({#Concatinate(IF_XYZ({#Repeat({d })},{b },
{a },{#Concatinate({#Concatinate({`g },{`d })},IF_XYZ({r },{`d },{r },{`a })))},
IF_XYZ({`g },{r },{#Repeat({b })},{e })})},{#Repeat({#Concatinate({#Concatinate({`a },
{`g })},IF_XYZ({e },{`a },{`c },{e })))}),{b },{#Repeat({r })},{a }),{e })},
IF_XYZ({`g },{r },{#Repeat({b })},{e })})},{#Repeat({#Concatinate({#Concatinate({`g },{`d })},IF_XYZ({r },{`d },{r },{`a })))},
IF_XYZ({`g },{r },{#Repeat({b })},{e })})},{#Repeat({#Concatinate({#Concatinate({`a },
{`g })},IF_XYZ({e },{`a },{`c },{e })))}),{b },{#Repeat({r })},{a }),{e })},{`g })},{r })
```

このコードではわかりにくいですが、これを整形して PTYPE の五線譜にすると図 8.18（図 7.16（a）の再掲）のようになります。

図 8.18　第 7 世代の楽曲の五線譜

なお、本システムではコード進行などを考慮していませんが、より実際的な作曲支援システムを対話型計算で実現する試みもあります（図 9.7 参照）。実際、このシステムで作成した音楽コンテンツは自動作曲の国際コンファレンス（ICMC：International Computer Music Conference）で入賞し、音楽作品としても演奏発表されています。

第9章

今後の展望

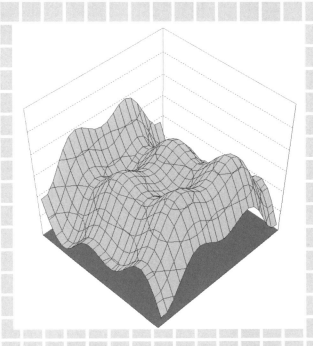

第 9 章 今後の展望

9.1 さらに応用するために

本書では、進化計算の基本的な考え方と実行例を、おもに Excel のシミュレータを用いて説明してきました。

進化計算は一般的な問題解決ツールなので、

- GTYPE と PTYPE
- 適合度計算
- 各種のパラメータ
- 終了条件

を適切に設計すれば、原理的にはどのような問題にも適用することができます。ぜひとも、読者は自分の身近にある問題に進化計算を応用してみてください。その際には、はじめからプログラムをつくるよりも、すでにあるシステムを改良・修正するのがいいでしょう。このために入手しやすく便利な進化計算のソースとしては、以下のものがあります。

- C 言語による GA：基本的な探索法や GA の作成法の解説が［伊庭 08］にあります。C 言語によるソースコードが提供されています。
- GP システム spgc1.1：容易に拡張可能な GP 用のライブラリです。C 言語および Lisp 言語によるソースが［伊庭 96］の付録 CD-ROM にあります。
- GP ノートブック：このホームページ[1]では、さまざまなプログラミング言語による GP や GA のソースがダウンロード可能です。

本書で説明したシミュレータは東京大学・情報理工学系研究科・電子情報学専攻・伊庭研究室のホームページ[2]からダウンロードできるようになっています。これらのソフトは、進化論的計算を遊び感覚で楽しく学ぶことを目的としています。ぜひとも読者自ら進化的手法の面白さ・難しさを実体験してください。ソフトウェアのページには、

1. ダウンロード方法

---

[1] http://www.geneticprogramming.com/
[2] http://www.iba.t.u-tokyo.ac.jp/

2. 使い方のマニュアル
3. 質問用の掲示板や関連データへのリンク

の情報も用意されているので、必要に応じて参照してください。

また実際に進化計算を適用したときに、

- どのようなパラメータやGTYPEの設計がいいのか？
- どうして問題が解けるのか？
- もっと改良するためには、どのように拡張すればいいのか？

などが問題になると思います。これらについては本書の範囲を超えるので、ほとんど記述していませんでした。詳しく知りたい読者は、[伊庭01] [伊庭15] [伊庭94] などの参考書を参照してください。

9.2 おわりに

　本書では進化計算の説明をしてきました。繰り返しになりますが、これは進化のメカニズムをもとにした計算手法です。

　望ましい進化を実現するためには、次のような項目が重要であるとされています。

- 集団性
- 多様性
- 共進化

　最初の「集団性」とは、第1章で説明したように、集団でないと進化は起こらない、ということです。

　第2の点は集団内にさまざまの成員がいることです。これを多様性と呼びます。進化では、集団中で成績のよいものをより多産で生き残りやすいようにします。しかしながら、成績のよいエリートばかりを常に集めておけばよいわけではありません。こうすると環境が変化した場合にその集団全体が落ちぶれることがあります。エリート集団からは同じような子孫しか生まれず、現時点の

環境では確かに成績はよいが新しい状況への適応能力がしばしば欠けているからです。このような性質（環境の変化やノイズに対して弱いこと）を工学的には「頑強性がない」と呼び、できるだけ避けるのが望ましいのです。したがって、集団内にある意味ではとんでもない奴や落第者の存在を許すのがよいことになります。彼らは通常は無駄飯喰らいかもしれませんが、あるときには救世主になりうるからです。

図9.1には多様性のイメージを示しました。これは前に述べた局所解と大域解のイメージと背景が同じになっていることに注意してください。

図9.1　多様性

このように進化は必ずしも最適値を探索するのではなく、環境においてより生き残りやすいような頑強さを目指しているのです。

第3の点はより身につまされるものです。われわれは一人では生きてはいけません。各個体の価値はそれ自身では決まらず、他の人々、もっというと帰属する社会や歴史、文化などから相対的に決まります。これと同じように進化型システムでの集団中の各成員も他の個体の振る舞いによってその適合度（生き残りやすさ）が決まります。つまり共進化とは、相互に影響を与えながら2種以上の生物が進化することです。有名な例では被子植物とその送粉者である昆虫は、より効率的な相互関係を確立するように進化したといわれています。

図 9.2 は、スイセンランの送粉者であるスズメガです。スイセンランの長い花筒に対応するため、共進化によってスズメガは長い舌を持つようになったといわれています。

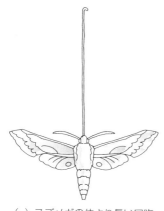

(a) スズメガの体より長い口吻　　　　(b) ブータンの切手（1997）

図 9.2　スズメガ

　長い花筒（花蜜の入った管）を持つランを見たチャールズ・ダーウィンは、この花に大きな蛾がきてストロー状の長い口吻で花筒の中の蜜を吸うと予想しました。40年後、この予想は口吻の長いスズメガの発見により実証されました。
　共進化の別の例として、ガラパゴス諸島のウチワサボテンとゾウガメの関係を説明しましょう。ゾウガメはウチワサボテンの実や芽を食料にし、実を食べ、消化できない種子を糞の中に排出します。その結果、カメの移動に伴って種子は遠くにまき散らされます。このことはサボテンにとって好都合ですが、若い芽をゾウガメに食べられるのは損失が大きく、絶滅の危機すらあります。そこで、サボテンはゾウガメに若芽を食べられないようにしなくてはなりません。そのためにサボテンがとった戦略は、上へと背丈を延ばすことでした。しかし、ゾウガメもまた首を伸ばして数十センチくらいの高さの芽は食べてしまいます（図 9.3 (a)）。図では、ゾウガメが首を伸ばしてサボテンを食べようとしています。ちなみにゾウガメは島により甲羅の形状が異なり、別々の系統（亜種）となっています。こうしてゾウガメとウチワサボテンの共進化（軍拡競争）が始まりました。共進化の結果、ウチワサボテンは次のような戦略を身

(a) ガラパゴスゾウガメ（ロンサム・ジョージ、2012年6月24日死亡）

(b) サンタフェ島のウチワサボテン

図 9.3　ガラパゴス諸島の共進化の例

につけました。

1. 上に高く成長する（3〜4 m にもなる）。
2. 背丈が 2 m ぐらいに育つまでは棘を身につける。

これによりゾウガメはサボテン（の芽）を食することはできなくなり、食生活を変えることを余儀なくされました。なお、背丈が 2 m 以上になるとサボテンがわざわざ棘を落とすのはなぜでしょうか？　おそらく棘を維持するのにはコストがかかるため、必要がなくなったときにエネルギーの供給が切れて棘が自動的に抜け落ちるからでしょう。そのため、ゾウガメがはじめからいない島では、サボテンが背高にはならずせいぜい 1 m くらいであり、棘も柔らかくなっています。図 9.3（b）においてサボテンが、2〜3 m の背丈になっているのがわかります。奥に見えるウチワサボテンには固い棘が生えており、下の棘はすでに抜けて落ちて木肌が露出しています。手前で指しているサボテンは別の（ゾウガメのいない）島から持って来たサボテンであり、棘が柔らかいです。これらのサボテンの間には、明らかな違いがあります。このことが、共進化が起った証拠であるとされています。

共進化の結果、

- 競合
- 寄生（片利共生）
- 共生（協調）

がこの順で進化したとされます。

最近では、数多くの人工知能学者が協調計算やマルチエージェントの研究を盛んに行い、共進化モデルの工学的な実現や理論的解析を試みています。第2章で説明した図2.41はヒューマノイドロボットの協調作業（共同搬送）の例です。ここでは遺伝的プログラミングに共進化を応用した学習モデルを用いています。

本書をここまで読まれたみなさんはよくおわかりだと思いますが、進化論的計算手法には、分子生物学、エコロジー、進化生物学、そして集団遺伝学などのさまざまな考え方がふんだんに使われています。研究者もそれらの分野に足を踏み入れることが奨励され、また実際にそれを実践しています。この結果、しばしば異なる分野の専門家との共同研究が可能となっています。経済学、社会学、芸術、建築、デザインなどへの応用例は数多くあります。たとえば筆者の研究室では、

- 株価や為替データの予測（図9.4）［伊庭11］
- ロボットの動作生成（図9.5）
- バイオ情報処理や合成生物学（図9.6）［伊庭他16］
- さまざまなジャンルにおける音楽の自動作曲（図9.7）
- 人工生命の仮説形成（軍隊アリの利他行動）（図9.8）［伊庭13］
- リアルタイム・ゲームの最適戦略（パックマンやスーパーマリオなど、図9.9）［海内15］

などの研究を、実際に進化計算を用いて行っています。

これらの詳細は筆者のホームページや上述の参考文献を参照してください。

これからも進化計算の領域ではますます多くの交流が行われ、異種分野の融合により実りのある成果が得られるでしょう。これは進化計算のメタな意味での大きな功績であると考えらます。

今後みなさんが進化のメカニズムの理解をより深めて、さまざまな場面で進化計算を利用することを期待しています。本書がそのための最初のステップや一助となればまことに幸いです。

最後に、進化計算のメカニズムについてさまざまな事例をご紹介しましょう。

第9章　今後の展望

■株価や為替データの予測［伊庭11］

　図 9.4 は、遺伝的プログラミングを応用した投資判断プログラムです。このプログラムでは、計算サーバーにおいて MVGPC（GP によるクラス分類アルゴリズム）によりチャート分析を最適化し、日々ルールを作成します。さらに、STROGANOFF（GP と多重回帰分析手法に基づく時系列予測アルゴリズム）で得られたルールを照合し、売買ルールとして採用します。この図は、FX 市場で標準的なトレーディングソフトウェアである MetaTrader 4 上で動作する自動売買プログラム（EA：Expert Advisor）です。

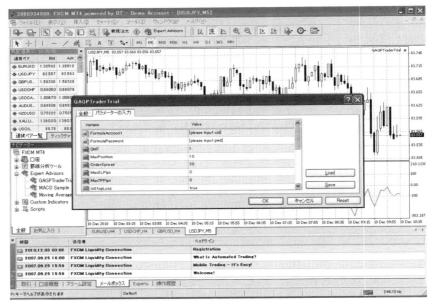

図 9.4　GAGPtrader

■ロボットの動作生成

　進化ロボットと呼ばれる分野では、進化計算を用いてロボットの形態、制御、動作生成、および協調行動などを進化的に合成します。たとえば、ヒューマノイドロボットが Segway に乗降して的確に運転するという一連の行動の学習を試みています（図 9.5）。

9.2 おわりに

図 9.5 Segway 型ヒューマノイドロボット

■バイオ情報処理や合成生物学 [伊庭他 16]

図 9.6（a）は、遺伝子ネットワークに基づいて、ロボット制御や人工知能における問題を解決するための枠組みです。望ましい遺伝子回路を進化計算で設計し、そのあとで試験管での生化学反応を実現します。遺伝子回路の出力は遺伝子の発現レベル（濃度）です。図 9.6（b）は、方形振動回路の進化過程の様子です。進化の途中には多くのパラメータが最適化されます。この手法では、生態学の基本概念である種の分化（4.3 節）という方法も導入されています。この拡張によって集団の多様性を維持し、多峰性関数の効果的な探索が実現できます。

第9章 今後の展望

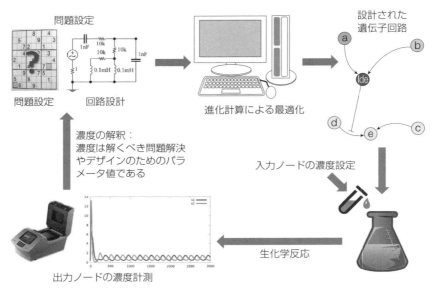

(a) 遺伝子ネットワークに基づいて、ロボット制御や人工知能における問題を解決するための枠組み

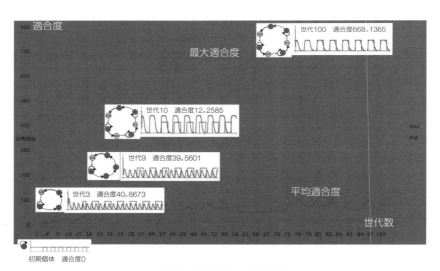

(b) 方形振動回路の進化過程の様子

図 9.6　合成生物学のための進化的な遺伝子回路設計

9.2 おわりに

■ **さまざまなジャンルにおける音楽の自動作曲**

図 9.7 は、IEC による作曲システム「CACIE」のインターフェースです。それぞれのボールが固有のメロディを持っており、メロディが似ているものは同系色で表現されています。ユーザは好きなメロディのボールを中心へ、気に入らないメロディのボールを外へ配置していきます。この「世代交代」を何世代か繰り返していくうちに、それぞれのボールは親世代の形質を受け継ぎつつ、突然変異によって違うメロディを生成します。そして世代を経るほど、曲は洗練されていきます。

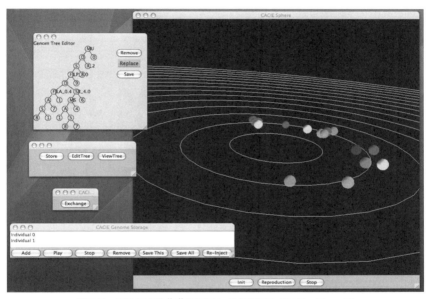

図 9.7 IEC による作曲システム CACIE のインターフェース

■ **人工生命の仮説形成（軍隊アリの利他行動）[伊庭 13]**

動物の利他行動の一例として、軍隊アリの橋作り行動（図 9.8 (a)）を例に見てみましょう。図 9.8 (b) では、軍隊アリの利他行動をシミュレーションしたものです。各種パラメータの設定により、橋を作成するタイミング形成場所が異なっていることがわかります。

第 9 章　今後の展望

（写真提供：Salvacion P. Angtuaco 博士）
（a）軍隊アリの橋作り行動

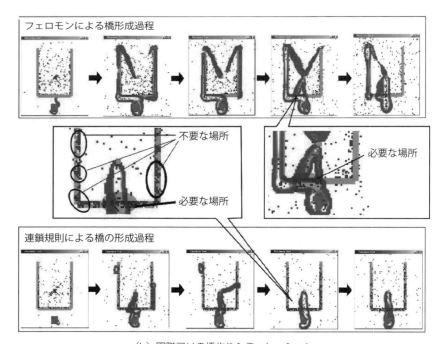

（b）軍隊アリの橋作りシミュレーション
図 9.8　軍隊アリの利他行動

9.2 おわりに

■リアルタイム・ゲームの最適戦略 ［海内 15］

「パックマン」「スーパーマリオ」などといったゲームの最適戦略において
も、進化計算のメカニズムを見ることができます。図 9.9 の右下（点線部）
は、「Ms. パックマン」において、GP のプレイヤが敵をおびき寄せている様子
です。大きな白い物体はパワーピルであり、これを取る直前に敵が近くにいる
ようにするのがよい戦略です。GP によって進化したプレイヤはこの戦略を的
確に実現し、高得点を得ます。

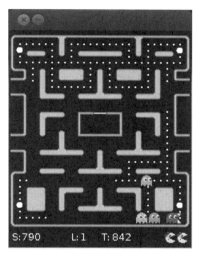

図 9.9　GA/GP によるゲームプレイング

関連図書

[伊庭 94] 伊庭斉志 著『遺伝的アルゴリズムの基礎』オーム社，1994

[伊庭 96] 伊庭斉志 著『遺伝的プログラミング』東京電機大学出版局，1996

[伊庭 01] 伊庭斉志 著『遺伝的プログラミング入門』東京大学出版会，2001

[伊庭 05] 伊庭斉志 著『知の科学：進化論的計算手法』オーム社，2005

[伊庭 06] 伊庭斉志 著『複雑系のシミュレーション』コロナ社，2006

[伊庭 08] 伊庭斉志 著『C による探索プログラミング—基礎から遺伝的アルゴリズムまで—』オーム社，2008

[伊庭 11] 伊庭斉志 著『金融工学のための遺伝的アルゴリズム』オーム社，2011

[伊庭 13] Iba, H.,"Agent-Based Modeling and Simulation with Swarm," Chapman and Hall/CRC, 2013

[伊庭 15] 伊庭斉志 著『進化計算と深層学習—創発する知能—』オーム社，2015

[伊庭他 16] Iba, H., Noman,N.,(eds.), "Evolutionary Computation in Gene Regulatory Network Research,"Wiley Series in Bioinformatics, Wiley, 2016

[海内 15] 海内映吾，伊庭斉志，"遺伝的プログラミングを用いたニューロ進化に関する研究，"進化計算シンポジウム 2015，愛知県西尾市，2015

[平野 00] 平野広美 著『遺伝的アルゴリズムと遺伝的プログラミング：オブジェクト指向フレームワークによる構成と応用』パーソナルメディア，2000

[古川他 05] 古川正志，荒井誠，吉村斎，浜克己 著『システム工学』コロナ社，2005

[サイト 00] テキスト音楽サクラ公式サイト，http://oto.chu.jp/top/

関連図書

[Dawkins 93] リチャード・ドーキンス 著, 中嶋康裕他 訳『ブラインド・ウォッチメイカー　自然淘汰は偶然か？』ハヤカワ・ポピュラー・サイエンス, 1993

[Unemi 99] Unemi, T.,"newblock SBART2.4: Breeding 2D CG images and movies, and creating a type of collage." In em Proceedings of The Third International Conference on Knowledge-based Intelligent Information Engineering Systems, pp. 288-291. Adelaide, Australia, Aug. 1999

[タマリン 88] R.H. タマリン 著, 木村資生 監訳『遺伝学』培風館, 1988

索引

[B]
BLX-α 118
BUGS 193

[C]
CACIE 245
CGアニメーション 192
C言語 236

[D]
DeJongの標準関数 107, 127

[E]
EDD 177

[F]
FIFO 177

[G]
GA 15, 58, 236
GA-2Dシミュレータ 20, 85, 135
GA-3Dシミュレータ 112, 123, 140
GAオペレータ 63, 67, 81
Gcrossover 214
Genetic Algorithms 15
Genetic Programming 15
Ginversion 214
Gmutation 214
GP 15, 212, 236
GTYPE 5, 58, 63, 73, 87, 110, 114, 120, 159, 183, 190, 217, 219, 230

[H]
HSB色空間 201

[I]
IEC 189

[J]
JSSPシミュレータ 178

[L]
LGPC for ART 201, 227
Lisp 212, 236
LSIの配線技術 153
Lシステム 191

[M]
MetaTrader 4 242
MIDI 205, 230
MML 204
MML Supporter 204, 230
MSB 73, 89, 114
MVGPC 242

[N]
NAHC 52
ND法 118
NP完全 153
NP困難 177
n点交叉 66
N700系 13

[P]
PMX 167
PTYPE 5, 67, 73, 89, 114, 159, 183

[R]
RGB 227
RMHC 52

[S]
SAHC 36, 55
Sbart 201
Segway 242

251

索 引

Sharing 129
SLACK 177
SPT 177
STROGANOFF 242
S 式 212, 226

[T]
TSP シミュレータ 153

[U]
UD 法 118
UNDX 119

[W]
Wall Following シミュレータ 223

[X]
x 切片 134

[あ]
アート 207

1 次元関数 19
一様交叉 66
一様乱数 118
一点交叉 63, 66, 87, 122, 163
遺伝子 5
遺伝子型 5, 73, 87, 120, 132, 162, 167, 178, 212, 230
遺伝子コード 58
遺伝子座 63, 90, 164, 182, 184
遺伝子長 42, 73, 82, 110, 182
遺伝子ネットワーク 243
遺伝的アルゴリズム 15
遺伝的オペレータ 63, 161, 165, 214
遺伝的プログラミング 15, 212
今西錦司 128

ウチワサボテン 239

エリート 87, 122, 126
エリート個体 163
エリート戦略 12, 79, 82, 137, 155
エリート率 80
エンコーディング 73

オクターブ 232
重み付けルーレット 63, 77
親 213

[か]
書き換え規則 191
カゲロウ 128
画像の遺伝子 229
楽曲 204, 230
株価 241
壁紙 201, 227
壁に沿う行動 219
ガラパゴス諸島 25, 32, 239
為替データ 241
頑強性 221, 238
看護師の勤務シフト 15, 174
関数記号 213, 217, 228, 232
感性工学 189
完全列挙法 176
ガントチャート 176, 182

木 212, 217
きつねの穴 108
輝度 227
木の成長過程 192
休符 232
共進化 237
共生 240
協調 240
局所解 18, 33, 55, 71, 238
局所的探索 33, 76
局所的山登り法 33
金融 15

孔雀の羽 200
組み合わせ論的爆発 153, 176
クモの巣の進化シミュレータ 11
クラス分類アルゴリズム 242
グラフ 212
繰り返し 232
グレイコーディング 74
グレイ表現 74, 117
グレゴール・メンデル 5
軍隊アリ 241

252

訓練データ 226

交換突然変異 168, 184
航空機のクルー配置 15
交叉 63, 81, 87, 115, 126,
　　　　　　　160, 167, 185, 196, 205, 216
交叉点 66, 115, 167
交叉率 82, 155, 220
高性 5
合成生物学 241
高度 44
勾配 33, 53
五線譜 206
コーディング 73, 82, 167
コード進行 234
子供 213

[さ]
最急勾配山登り法 36
最小安全距離 219
最小値 19
最大世代数 12, 61, 82
最大値 19
最大適合度 111, 120
最適化 117, 188
最適解 33, 55, 157, 176
最適値 238
最良解 157
最良個体 12, 79, 178
最良値 38, 46
最良適合度 61, 96, 137, 156
サドル 108

視覚センサー 218
時間割の作成 174
時系列予測 242
次元の呪い 55
自己増殖 4
指数関数的 56
自然神学 200
自然淘汰 193
四則演算 228
実数値 GA 117
シート 100, 156
自動作曲 241, 245

終端記号 213, 217, 219, 227, 228, 232
集団サイズ 11, 82
集団数 61, 78, 82, 155, 220
集団性 237
終端ノード 213
自由度 55
種の分化 128, 243
巡回セールスマン問題 152
巡回路 157
準最適解 177
順序型遺伝子コーディング 182
順序表現 161
条件分岐 232
じょうごの設計問題 96
上昇率 43, 48
小節 206
乗務員のスケジュール 174
初期世代 68, 71, 129, 194
ジョブ 175
ジョブ完了時刻 178
ジョブショップスケジューリング問題 177
ジョブの割り付け規則 176
進化計算 5, 10
進化論 25
人工生命 241
人工知能 207, 212, 241, 243

スイセンラン 239
数式表現 230
スケーリング 138
スケジューリング問題 174
スズメガ 239
ステップ関数 108
スピード 43, 48
棲み分け 82, 128, 156
スラック 177

正規分布 94, 118
生殖 10, 63, 205
性選択 200
制約条件 181
制約付き最大値探索 18
制約問題 143
世代交代 205, 245
接続 232

253

索 引

セル..100
染色体..................5, 12, 63, 182, 185
線対称..196
選択..10, 63, 81

ゾウガメ..239
早熟な収束..71
掃除ロボット......................................218
ソナーセンサー..................................219

[た]
大域解................................34, 18, 238
対称性..12
対立遺伝子..5
対話型進化的計算手法..................189
多重回帰分析......................................242
多峰性...25, 127, 129
多目的最適化....................................141
多目的進化計算..................................13
多様性...71, 237
多様性の喪失....................................129
探索空間..21
探索空間の地形..................................25
探索点..100
単峰性..25, 26

逐次勾配山登り法..............................52
致死遺伝子.................................159, 186
チャート分析....................................242
チャールズ・ダーウィン.......25, 239
抽象画..227
調号..204

翼の設計...13

定義域.................................21, 26, 114
ディスパッチングルール..............176
適合度..............5, 10, 12, 58, 63, 67, 72, 110,
134, 141, 144, 156, 162, 217, 220
適合度関数...........25, 76, 96, 132, 138, 145, 189
適合度地形..25
適合度ランドスケープ.........25, 30, 43, 49,
61, 92, 96, 104, 129
適者生存..4
テキスト音楽サクラ.......................230

デコーディング..................................73
デザイン..188
テストデータ....................................226
データ構造..5
テンポ..204

投資判断プログラム.......................242
淘汰..10
淘汰圧..129
突然変異............63, 76, 81, 87, 115, 118, 122, 126,
161, 163, 168, 193, 196, 205, 216
突然変異率............................12, 82, 155
トーナメントサイズ.............79, 83, 155
トーナメント戦略.................79, 82, 155

[な]
生の適合度................................136, 137

2次元関数..19
二点交叉....................................67, 167

根..213
音色..204

ノイズ..108
ノード..213

[は]
葉..213
バイオ情報処理..............................241
バイオモルフ........................193, 200
排他的論理和....................................74
バイナリ表現........63, 73, 89, 110, 114, 117
8分音符..232
パックマン......................................241
発現型..5
発生過程..191
発想支援..207
ハミルトン閉路....................152, 160
ハミング距離..................76, 132, 137
ハミングクリフ................................76
パレート最適化..............................143

引数..213, 217
非終端端記号..............213, 217, 219, 227, 231

非終端ノード	213
微分可能	96
ヒューマノイドロボット	55, 241
ヒューリスティクス	32, 175, 176
評価関数	188
表現型	5, 67
拍子	206
品種改良	190
複合ギアの設計問題	140
複数点交叉	66
物流輸送	153
浮動小数	117
部分一致交叉	167
ブラインド・ウォッチメーカー	193, 200
フーリエ係数	196
フレーズ	206
フローチャート	212
分離の法則	5
平均適合度	61, 78, 111, 120, 157
ペナルティ	132, 144
ベンチマーク問題	107, 178, 181
変容性	4
放物面	108
歩幅	42
盆栽木	190

[ま]
マスク	67
メロディ	245
盲目の時計職人	193, 200

目的関数	19, 96, 141
目的関数値	58

[や]
山登り	32
山登り法	44, 92, 127
優性	5
ユークリッド距離	132
欲張り交換突然変異	168

[ら]
乱数	25, 38, 46, 77, 94
ランダム	35, 44, 52, 62, 71, 79, 82, 104, 155, 177, 194, 205
ランダム突然変異山登り法	52
リアルタイム・ゲーム	241, 247
利己的遺伝子	193
利他行動	241
リチャード・ドーキンス	193
ルート	213
ルーレット戦略	63, 77, 82, 155
劣性	5
ロボット	218
ロンサム・ジョージ	240

[わ]
矮性	5
割り当て関数	83, 132, 137

● 著者略歴

伊 庭 斉 志（いば　ひとし）

工学博士
1985 年　　東京大学理学部情報科学科卒業
1990 年　　東京大学大学院工学系研究科情報工学専攻修士課程修了
同　年　　電子技術総合研究所
1996〜1997 年　スタンフォード大学客員研究員
1998 年　　東京大学大学院工学系研究科電子情報工学専攻助教授
2004 年〜　東京大学大学院新領域創成科学研究科基盤情報学専攻教授
2011 年〜　東京大学大学院情報理工学系研究科電子情報学専攻教授
　　　　　　人工知能と人工生命の研究に従事。特に進化型システム、学習、
　　　　　　推論、創発、複雑系、進化論的計算手法に興味をもつ。

〈主な著書〉
『遺伝的アルゴリズムの基礎』オーム社（1994）
『遺伝的プログラミング』東京電機大学出版局（1996）
『Excel で学ぶ遺伝的アルゴリズム』オーム社（2005）
『進化論的計算手法』オーム社（2005）
『複雑系のシミュレーション：Swarm によるマルチ・エージェントシステム』コロナ社（2007）
『C による探索プログラミング』オーム社（2008）
『金融工学のための遺伝的アルゴリズム』オーム社（2011）
『人工知能と人工生命の基礎』オーム社（2013）
『進化計算と深層学習―創発する知能―』オーム社（2015）

● 本文イラスト：廣 鉄夫 , 仲 彩子

● カバーデザイン：トップスタジオ デザイン室（轟木 亜紀子）

- 本書の内容に関する質問は、オーム社書籍編集局「(書名を明記)」係宛に、書状または FAX (03-3293-2824)、E-mail (shoseki@ohmsha.co.jp) にてお願いします。お受けできる質問は本書で紹介した内容に限らせていただきます。なお、電話での質問にはお答えできませんので、あらかじめご了承ください。
- 万一、落丁・乱丁の場合は、送料当社負担でお取替えいたします。当社販売課宛にお送りください。
- 本書の一部の複写複製を希望される場合は、本書扉裏を参照してください。

|JCOPY| <(社)出版者著作権管理機構 委託出版物>

Excel で学ぶ進化計算
―Excel による GA シミュレーション―

平成 28 年 5 月 25 日　　第 1 版第 1 刷発行

著　　者　伊庭斉志
発 行 者　村上和夫
発 行 所　株式会社オーム社
　　　　　郵便番号　101-8460
　　　　　東京都千代田区神田錦町 3-1
　　　　　電話　03(3233)0641(代表)
　　　　　URL　http://www.ohmsha.co.jp/

© 伊庭斉志 2016

組版　チューリング　　印刷・製本　三美印刷
ISBN978-4-274-21889-7　Printed in Japan

関連書籍のご案内

- 伊庭 斉志 著
- A5判・192頁
- 定価(本体2,700 円+税)

- 伊庭 斉志 著
- A5判・264頁
- 定価(本体2,800 円+税)

- 伊庭 斉志 著
- A5判・312頁
- 定価(本体3,200 円+税)

機械学習を
はじめよう!

- 小高 知宏 著
- A5判・232頁
- 定価(本体2,600 円+税)

- 小高 知宏 著
- A5判・264頁
- 定価(本体2,800 円+税)

- 小高 知宏 著
- A5判・248頁
- 定価(本体2,600 円+税)

もっと詳しい情報をお届けできます.
◎書店に商品がない場合または直接ご注文の場合も右記宛にご連絡ください.

ホームページ　http://www.ohmsha.co.jp/
TEL/FAX　TEL.03-3233-0643　FAX.03-3233-3440

(定価は変更される場合があります)